工业机器人
基础操作与编程

主　编　王志强　许红岩

副主编　李　悦

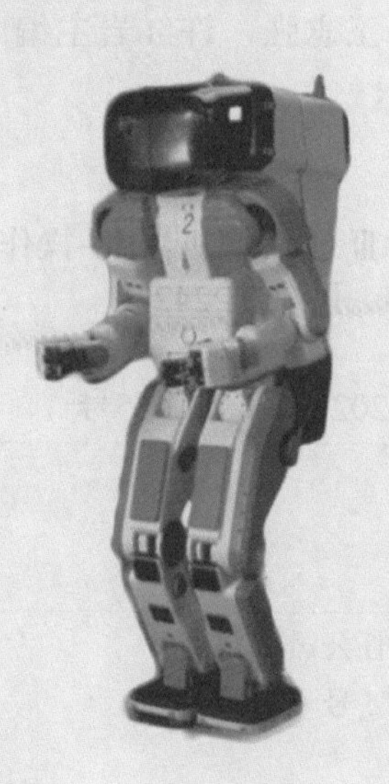

北京理工大学出版社

BEIJING INSTITUTE OF TECHNOLOGY PRESS

内容提要

本书以KUKA机器人为蓝本，以“任务导向”的方式编写，采用了大量实际应用案例。从生产实际出发，结合实际应用，详细讲解了工业机器人现场编程与调试的方法及要点。任务的实现从学习目标、任务描述、知识链接、任务实施、过程考核5个方面进行系统的介绍，再通过课后作业对知识点进一步加强和巩固，将知识点与实际任务有机地结合，使读者掌握所学知识并能灵活应用。

本书分为五个模块，14个学习任务组成，学习内容围绕任务展开，包含了工业机器人基础知识、KUKA机器人系统结构和功能、KUKA机器人基础编程与调试、KUKA机器人在搬运、焊接中的编程应用等。按照由简单到复杂，由单一到综合的循序渐进的原则，一步一步全面掌握机器人的编程调试。

本书实用性与可参考性强，可作为职业院校机电专业、机器人专业相关教材使用，也可为从事工业机器人编程、操作、维护相关工作的工程技术人员提供帮助。

图书在版编目（CIP）数据

工业机器人基础操作与编程 / 王志强，许红岩主编. —北京：北京理工大学出版社，2020.7

ISBN 978-7-5682-8726-5

Ⅰ.①工…　Ⅱ.①王…　②许…　Ⅲ.①工业机器人－操作－高等职业教育－教材　②工业机器人－程序设计－高等职业教育－教材　Ⅳ.①TP242.2

中国版本图书馆CIP数据核字（2020）第131665号

出版发行 / 北京理工大学出版社有限责任公司
社　　址 / 北京市海淀区中关村南大街5号
邮　　编 / 100081
电　　话 /（010）68914775（总编室）
（010）82562903（教材售后服务热线）
（010）68948351（其他图书服务热线）
网　　址 / http://www.bitpress.com.cn
经　　销 / 全国各地新华书店
印　　刷 / 北京佳创奇点彩色印刷有限公司
开　　本 / 787毫米×1092毫米　1/16
印　　张 / 12
字　　数 / 283千字
版　　次 / 2020年7月第1版　2020年7月第1次印刷
定　　价 / 42.00元

责任编辑 / 封　雪
文案编辑 / 封　雪
责任校对 / 周瑞红
责任印制 / 边心超

前言

为了贯彻国务院《关于大力推进职业教育改革与发展的决定》以及教育部等六部门《关于实施职业院校制造业和现代服务业技能型紧缺人才培养培训工程的通知》等文件精神，为职业教育教学和培训提供更加丰富、多样和实用的教材，更好地满足职业教育改革与发展的需要，结合目前中等职业学校的教学现状与工业机器人应用技术的更新发展以及作者所在院校实训基地建设教学成果编写本书。

在传统的制造领域，工业机器人经过诞生、成长、成熟期后，已成为不可缺少的核心机电装备，目前世界上约有上百万台工业机器人正在各种生产现场工作。“工业机器人基础操作与编程”是工业机器人相关专业的一门核心专业课，也可作为一门独立的技术应用课，具有很强的实践性。该课程对培养学生初步掌握专业实际操作的基本方法和基本技能起着非常重要的作用。同时为以后从事工业机器人编程与调试及其他相关领域的工作打下必要的技术基础。

1. 本书以KUKA机器人为蓝本，以“任务导向”的方式编写，采用了大量实际应用案例。任务的实现从学习目标、任务描述、知识链接、任务实施、过程考核5个方面进行系统的介绍，再通过课后作业进一步加强和巩固知识点，将知识点与实际任务有机地结合，使学生掌握所学知识并能灵活应用。

2. 培养过程实现“知行合一”。本教材分为五个模块，由14个学习任务组成，学习内容围绕任务展开，包含了工业机器人基础知识，KUKA机器人系统结构和功能，KUKA机器人的手动操作，KUKA机器人的零点标定、工具测量、基坐标测量，机器人程序的执行及建立、逻辑功能的使用，简单的KUKA机器人编程应用等。按照由简单到复杂，由单一到综合的循序渐进的原则，一步一步全面掌握机器人的编程调试，形成和提升学生的职业能力。

3．注重培养学生逻辑思维能力，促进学生综合素质的全面提升，提高学生提出问题、分析问题、解决问题的能力和创新意识，强化学生的动手实践能力，遵循学生的认知规律，紧密结合工业机器人专业的发展需要。该课程对培养学生初步掌握机器人编程调试的基本方法和基本技能起着非常重要的作用。同时为以后从事工业机器人应用与维护、编程调试及其他相关领域的工作打下必要的技术基础。

本书由吉林省经济管理干部学院王志强、许红岩主编。本书在编写过程中，得到了KUKA售后工程师及企业KUKA机器人调试工程师的大力支持和帮助。编写过程中参阅多种同类教材和专著及厂商的技术资料，在此，谨向这些关心和支持本书编写工作的同志及参阅资料的编著者表示衷心的感谢！

由于编者水平有限，加之时间仓促，书中不足和错误之处在所难免，敬请广大读者批评指正。

编　者

2020年4月

目录

模块一 工业机器人基础知识

学习任务一　认识工业机器人

学习任务二　工业机器人的机械结构和运动控制

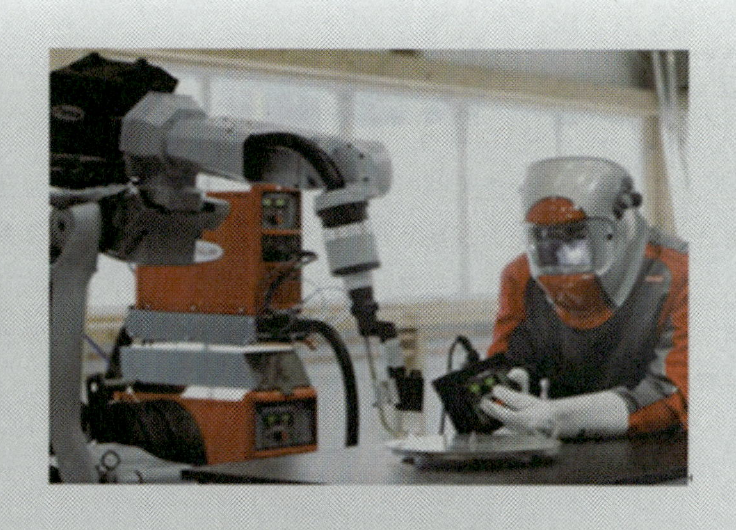

学习任务一 认识工业机器人

知识目标

1. 掌握什么是工业机器人。
2. 熟悉工业机器人的常见分类及其行业应用。
3. 了解工业机器人的发展现状和趋势。

能力目标

1. 能清楚工业机器人最显著的特点。
2. 能结合自动化生产线判别搬运、码垛、焊接、涂装和装配等复杂作业的应用。

任务描述

工业机器人作为先进制造业中不可替代的重要装备和手段，已成为衡量一个国家制造业水平和科技水平的重要标志。本次任务的主要内容就是了解工业机器人的现状和发展趋势；通过视频观看、现场参观等，了解工业机器人相关企业及其应用领域，现场观摩或在技术人员的指导下操作工业机器人，了解其操作及基本组成结构。

※ 知识链接

一、工业机器人的定义及特点

1. 工业机器人的定义

工业机器人是机器人家族中的重要一员，也是目前在技术上发展最成熟、应用最多的一类机器人。世界各国对工业机器人的定义不尽相同。

美国机器人协会（RIA）将工业机器人定义为：机器人是设计用来搬运物料、部件、工具或专门装置的可重复编程的多功能操作器，并通过改变程序的方法来完成各种不同任务。

日本工业机器人协会（JIRA）将工业机器人定义为：一种装备有记忆装置和末端执行器的，能够完成各种移动来代替人类劳动的通用机器。

德国标准（VDI）将工业机器人定义为：具有多自由度的、能进行各种动作的自动机器，它的动作是可以顺序控制的，轴的关节角度或轨迹可以不靠机械调节，而由程序或传感器进行控制。工业机器人具有执行器、工具及制造的辅助工具，可以完成材料搬运和制造等操作。

我国科学家将工业机器人定义为：一种自动化的机器，所不同的是这种机器具备一些与人或者生物相似的智能能力，如感知能力、规划能力、动作能力和协同能力，是一种具有高度灵活性的自动化机器。

国际标准化组织（ISO）将工业机器人定义为：一种能自动控制，可重复编程，多功能、多自由度的操作机，能搬运材料、工件或操持工具来完成各种作业。目前国际上大都遵循 ISO 所下的定义。

2. 工业机器人的特点

一般来说，工业机器人最显著的特点有以下几个：

（1）具备拟人功能

工业机器人是模仿人或动物肢体动作的机器，能像人那样使用工具。此外，智能化机器人还有许多类似人类的“生物传感器”，如皮肤型接触传感器、视觉传感器、力传感器、负载传感器等，因此，数控机床和汽车不是工业机器人。

（2）可编程

生产自动化的进一步发展是柔性自动化。工业机器人可随其工作环境变化的需要而再编程，因此它在小批量、多品种、具有均衡高效率的柔性制造过程中能发挥很好的功用，是柔性制造系统中的一个重要组成部分。

（3）通用性较好

除了专用的工业机器人外，一般机器人在执行不同的作业任务时具有较好的通用性。例如，更换工业机器人手部末端执行器（手爪、工具等）便可执行不同的作业任务。

（4）涉及学科广泛

工业机器人技术涉及的学科相当广泛，归纳起来是机械学和微电子学结合的机电一体化技术。第三代智能机器人不仅具有获取外部环境信息的各种传感器，而且还具有记忆能力、语音理解能力、图像识别能力、推理判断能力等人工智能，这些都是微电子技术的应用，特别是与计算机技术的应用密切相关。工业机器人与自动化成套技术集中并融合了多项学科，涉及多项技术领域，包括工业机器人控制技术、机器人动力学及仿真、机器人构建有限元分析、激光加工技术、模块化程序设计、智能测量、建模加工一体化、工厂自动化及精细物流等先进制造技术，技术综合性强。

二、工业机器人的发展历史及趋势

1. 工业机器人的诞生

“机器人”（Robot）这一术语是在 1921 年由捷克斯洛伐克著名剧作家、科幻文学家、童话寓言家卡雷尔·恰佩克首创的，是“机器人”的起源，此后一直沿用至今。不过，人类对于机器人的梦想却已延续数千年之久，如古希腊古罗马神话中冶炼之神用黄金打造的机械仆人、希腊神话《阿鲁哥探险船》中的青铜巨人泰洛斯、犹太传说中的泥土巨人、我国西周时代能歌善舞的木偶“倡者”和三国时期诸葛亮的“木牛流马”传说等。到了现代，从机器人频繁出现在科幻小说和电影中已不难看出人类对于机器人的向往。

科技的进步让机器人不仅停留在科幻故事里，而是正一步步“潜入”人类生活的方方面面。1959 年，美国发明家英格伯格与德沃尔制造了世界上第一台工业机器人 Unimate，这个外形类似坦克炮塔的机器人可实现回转、伸缩、俯仰等动作，如图 1-1-1 所示，它被称为现代机器人的开端。之后，不同功能的工业机器人也相继出现并且活跃在不同的领域。

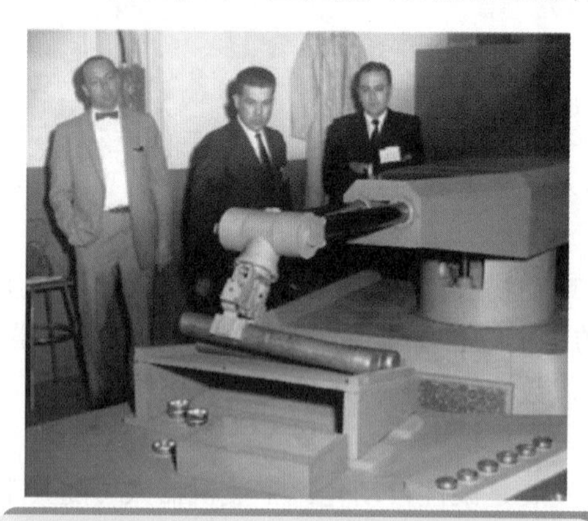

图 1-1-1　世界上第一台工业机器人 Unimate

2. 工业机器人的发展现状

现代机器人的研究始于 20 世纪中期，其技术背景是计算机和自动化的发展，以及原子能的开发利用。在产业领域出现了受计算机控制的可编程的数控机床，与数控机床相关的控制、机械零件的研究又为机器人的开发奠定了基础。同时，人类需要开发自动机械，代替人类去从事一些在恶劣环境下的作业。正是在这一背景下，机器人技术的研究与应用得到了快速发展。

2005 年，日本 YASKAWA 推出能够从事此前由人类完成组装及搬运作业的工业机器人 MOTOMAN–DA20 和 MOTOMAN–IA20，如图 1–1–2 所示。DA20 是一款在仿造人类上半身的构造物上配备 2 个六轴驱动臂型的“双臂”机器人。上半身构造物本身也具有绕垂直轴旋转的关节，尺寸与成年男性大体相同，可直接配置在此前人类进行作业的场所。可实现接近人类两臂的动作及构造，因此可以稳定地进行工件搬运，还可以从事紧固螺母以及部件的组装和插入等作业。

(a) MOTOMAN-DA20

(b) MOTOMAN-IA20

图 1–1–2　YASKAWA 机器人

2006 年，意大利柯马公司（Comau）推出第一款无线示教器（Wireless Teach Pendant，WiTP），如图 1–1–3 所示。WiTP 是工业机器人无线技术的第一大应用。柯马的无线示教器中的所有传统数据交互和机器人编程能由线缆连接到控制柜无限制地执行，同时保证绝对安全。

2007 年，日本安川（Motoman）机器人公司推出超高速弧焊机器人，如图 1–1–4 所示，降低了 15% 的周期时间，这是当时最快的焊接机器人。

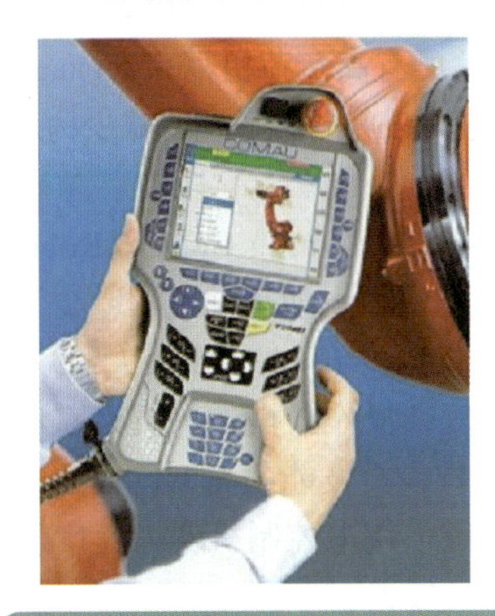

图 1–1–3　Comau WiTP 机器人

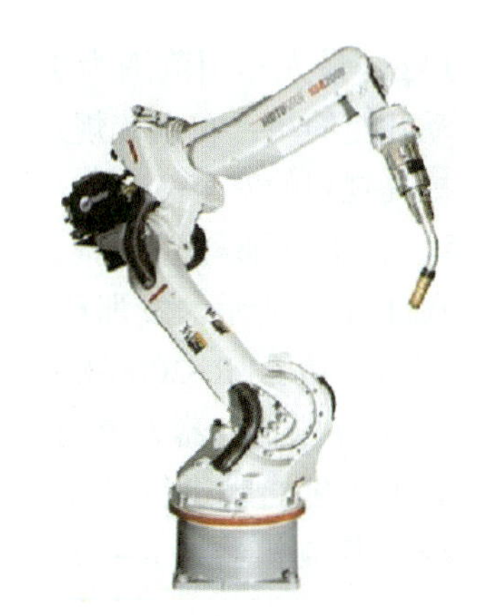
图 1–1–4　Motoman 超高速弧焊机器人

2008 年，日本发那科（FANUC）公司推出了一个新的重型机器人 M-2000iA，如图 1-1-5 所示，其有效载荷约达 1 200 千克。M-2000iA 系列是世界上规模最大、实力最强的六轴机器人，可搬运超重物体。它是专门为重型、大型工件而量身定制的，当需要处理超重部件，如机床组装、车身定位时，M-2000iA 机器人可实现安全快捷的安置，能代替起重机、运输班车、龙门吊工作。

2009 年，瑞典 ABB 公司推出了世界最小的多用途工业机器人 IRB120，如图 1-1-6 所示。IRB120 质量仅 25 kg，荷重 3 kg，工作范围达 580 mm。IRB120 的问世使 ABB 新型第四代机器人产品系列得到进一步延伸，其卓越的经济性与可靠性使之具有低投资、高产出的优势。

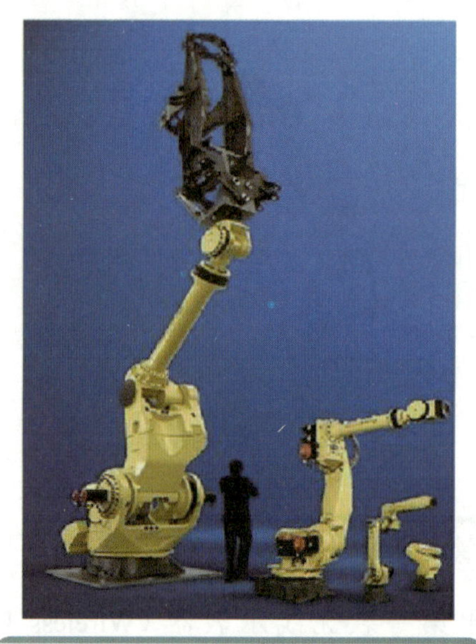

图 1-1-5　FANUC M-2000iA 机器人

图 1-1-6　ABB IRB120 机器人

2010 年，德国库卡公司（KUKA）推出了一系列新的货架式机器人（Quantec），该系列机器人拥有 KR C4 机器人控制器，如图 1-1-7 所示。KR C4 是一款集机器人控制、运动控制、逻辑控制和过程控制于一体的控制系统。Quantec 机器人系列覆盖了负荷能力为 90 ～ 300 kg、最大作用范围为 2 500 ～ 3 100 mm 的所有高负荷机器人。Quantec 机器人系列让自动化更简单；在系统规划和设计阶段拥有最大限度的灵活性，减少构思和设计工作，大大提高规划的安全性。

2010 年，日本发那科公司推出“学习控制机器人（Learning Control Robot）”R-2000iB，如图 1-1-8 所示。发那科新型的振动控制功能实质上使运动过程减少了机器人的振动。利用这个功能，R-2000iB 可以快速地加速和减速，与现在相比，大约减少了 5% 的循环时间。学习控制机器人 R-2000iB 不需要任何复杂操作，操作人员只需启动机器人动作程序，其就能自动进行循环学习，也不要求操作人员技能的高低，任何人都可以实现操作。学习控制机器人 R-2000iB 可用于搬运系统，用来控制机器人速度，可减少搬运过程震动损坏，也可整体减少生产成本的浪费。

图 1-1-7 KUKA Quantec 机器人

图 1-1-8 FANUC R-2000iB 机器人

3. 工业机器人的发展趋势

当今工业机器人的总体趋势是，从狭义的机器人概念向广义的机器人技术概念转移，从工业机器人产业向解决方案业务的机器人技术产业发展。机器人技术的内涵已变为灵活应用机器人技术的、具有实际动作功能的智能化系统。机器人结构越来越灵巧，控制系统愈来愈小，其智能化程度也越来越高，并正朝着一体化方向发展。

三、工业机器人的分类

关于工业机器人的分类，国际上没有制定统一的标准，有的按负载重量分，有的按控制方式分，有的按自由度分，有的按结构形式分，有的按应用种类分。例如机器人首先在制造业大规模应用，所以机器人曾被简单地分为两类，即用于汽车、IT、机床等制造业的机器人称为工业机器人，其他的机器人称为特种机器人。随着机器人应用的日益广泛，这种分类显得过于粗糙。现在除工业领域之外，机器人技术已经广泛应用于农业、建筑、医疗、服务、娱乐以及空间和水下探索等多个领域。依据具体应用领域的不同，工业机器人又可分为物流、码垛等搬运型机器人和焊接、车铣、修磨、注塑等加工型机器人。可见，机器人的分类方法和标准很多。本书主要介绍以下两种工业机器人的分类方法。

1. 按机器人的技术等级划分

按照机器人技术发展水平可以将工业机器人分为三代。

（1）示教再现机器人

第一代工业机器人是示教再现型。这类机器人能够按照人类预先示教的轨迹、行为、顺序和速度重复作业。示教可以由操作员手把手地进行，比如操作人员握住机器人上的喷枪，沿喷漆路线示范一遍，机器人记住这一连串运动，工作时，自动重复这些运动，从而完成给定位置的涂装工作。这种方式即所谓的直接示教，如图 1-1-9（a）所示。但是，比较普遍的方式是通过示教器示教，如图 1-1-9（b）所示。操作人员利用示教器上的开关或按键来控制机器人一步一步运动，机器人自动记录，然后重复。目前在工业现场应用的机器人大多属于第一代。

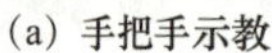

(a) 手把手示教

(b) 示教器示教

图 1-1-9　示教再现工业机器人

（2）感知机器人

第二代工业机器人具有环境感知装置，能在一定程度上适应环境的变化，目前已经进入应用阶段，如图 1-1-10 所示。例如焊接机器人，工件在焊接位置必须十分准确，否则就会造成工件的实际焊接位置与焊枪所走轨迹产生偏差，因此，为了解决这个问题，第二代工业机器人（应用于焊接作业时），采用焊缝跟踪技术，通过传感器感知焊缝的位置，再通过反馈控制，就能够自动跟踪焊缝，从而对示教的位置进行修正，即使实际焊缝相对于原始设定的位置有变化，机器人仍然可以很好地完成焊接工作。类似的技术正越来越多地应用于工业机器人。

（3）智能型机器人

智能型机器人如图 1-1-11 所示，具有发现问题并能自主解决问题的能力。这类机器人具有多种传感器，不仅可以感知自身的状态，如所处的位置、自身的故障等，而且能够感知外部环境的状态，如自动发现路况，测出协作机器的相对位置、相互作用的力等。更重要的是，智能型机器人能够根据获得的信息，进行逻辑推理、判断决策，在变化的内部

图 1-1-10　感知机器人

图 1-1-11　智能型机器人

状态与变化的外部环境中自主决定自身的行为。也就是说，这类机器人不但具有感觉能力，而且具有独立判断、行动、记忆、推理和决策的能力，能适应外部对象、环境而协调地工作，能完成更加复杂的动作，还具备故障自我诊断及修复能力。

2. 按机器人的机构特征划分

工业机器人的机械配置形式多种多样，典型机器人的机构运动特征是用其坐标特征来描述的。按基本动作机构，工业机器人通常可分为直角坐标机器人、柱面坐标机器人、球面坐标机器人和关节机器人等类型。

（1）直角坐标机器人

直角坐标机器人具有空间上相互垂直的多个直线移动轴，通常为 3 个，如图 1-1-12 所示，通过直角坐标方向的 3 个独立自由度确定其手部的空间位置，其动作空间为一长方体区域。直角坐标机器人结构简单，定位精度高，空间轨迹易于求解；但其动作范围相对较小，设备的空间因数较低，和其他类型机器人相比，实现相同的动作空间要求时，机体本身的体积较大。

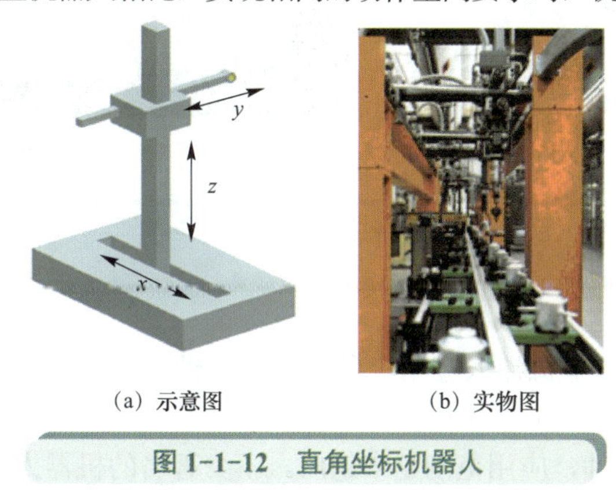

（a）示意图　　（b）实物图

图 1-1-12　直角坐标机器人

（2）柱面坐标机器人

柱面坐标机器人的空间位置机构主要由旋转基座、垂直移动轴和水平移动轴构成，如图 1-1-13 所示。它具有 1 个回转自由度和 2 个平移自由度，动作空间呈圆柱体。这种机器人结构简单、刚性好，但缺点是在机器人的动作范围内，必须有沿轴线前后方向的移动空间，空间利用率较低。

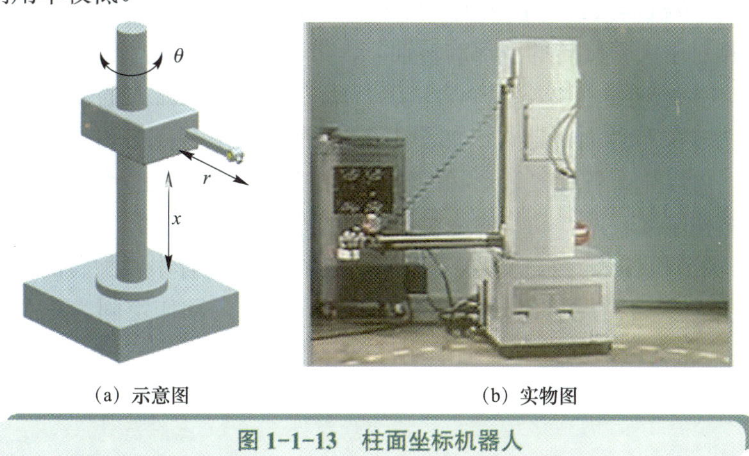

（a）示意图　　（b）实物图

图 1-1-13　柱面坐标机器人

（3）球面坐标机器人

如图 1-1-14 所示，球面坐标机器人的空间位置分别由旋转、摆动和平移 3 个自由度确定，动作空间为球体的一部分。其机械手能够做前后伸缩移动、在垂直平面上摆动以及绕底座在水平面上移动。著名的 Unimate 机器人就是这种类型的机器人。这种机器人的特点是结构紧凑，所占空间体积小于直角坐标机器人和柱面坐标机器人，但仍大于多关节机器人。

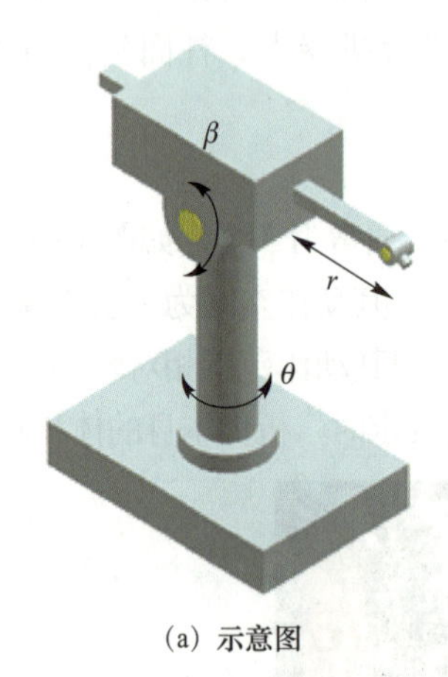

(a) 示意图

(b) 实物图

图 1-1-14　球面坐标机器人

（4）关节机器人

关节机器人中以多关节机器人应用较多。多关节机器人由多个旋转和摆动机构组合而成。这类机器人结构紧凑、工作空间大、动作最接近人的动作，对涂装、装配、焊接等多种作业都有良好的适应性，应用范围越来越广。不少著名的机器人都采用了这种形式，其摆动方向主要有铅垂方向和水平方向两种，因此这类机器人又可分为垂直多关节机器人和水平多关节机器人。例如美国 Unimation 公司 20 世纪 70 年代末推出的机器人 PUMA 就是一种垂直多关节机器人，而日本由梨大学研制的机器人 SCARA 则是一种典型的水平多关节机器人。目前世界上工业领域装机最多的工业机器人是 SCARA 型平面多关节机器人和串联关节型垂直六轴机器人。

1）垂直多关节机器人。垂直多关节机器人模拟了人类的手臂功能，由垂直于地面的腰部旋转轴（相对于大臂旋转的肩部旋转轴）、带动小臂旋转的肘部旋转轴以及小臂前端的手腕等构成。手腕通常有 2 ～ 3 个自由度。垂直多关节机器人的动作空间近似一个球体，所以也称为多关节球面机器人，如图 1-1-15 所示。其优点是可以自由地实现三维空间的各种姿势，可以生成各种复杂形状的轨迹；相对于机器人的安装面积，其动作范围很宽。其缺点是结构刚度较低，动作的绝对位置精度较低。

2）水平多关节机器人。水平多关节机器人在结构上具有串联配置的两个能够在水平面内旋转的手臂，其自由度可以根据用途选择 2 ～ 4 个，动作空间为一个圆柱体，如图 1-1-16 所示。其优点是在垂直方向上的刚性好，能方便地实现二维平面的动作，在装配作业中得到普遍应用。

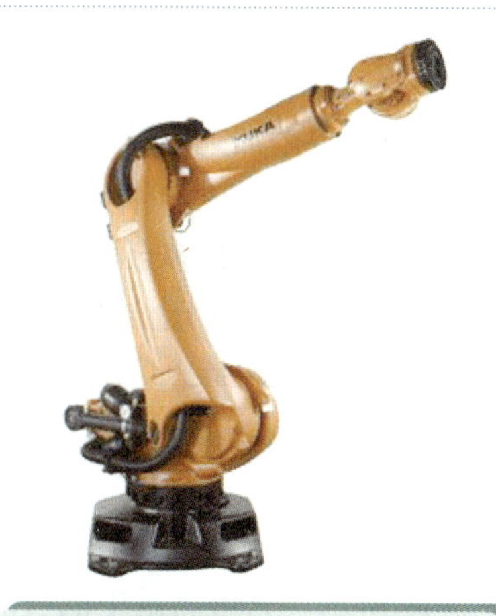

图 1-1-15　垂直多关节机器人

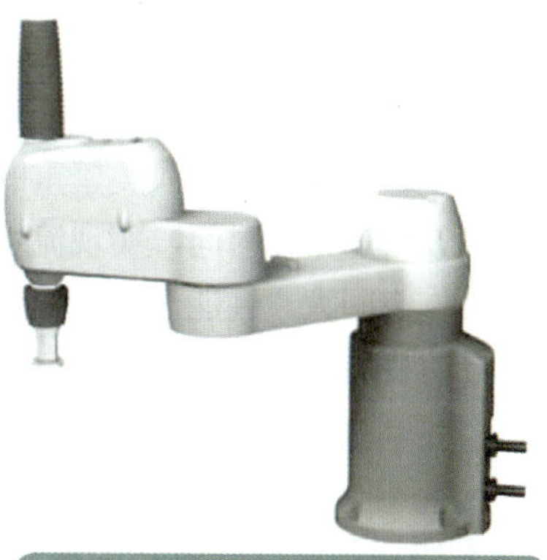

图 1-1-16　水平多关节机器人

四、工业机器人的应用

随着“工业 4.0”和“中国制造 2025”的相继提出和不断深化，全球制造业正在向着自动化、集成化、智能化及绿色化方向发展。中国作为全球第一制造大国，以工业机器人为标志的智能制造在各行业的应用越来越广泛。其中，在中国工业机器人市场主要分为日系和欧系两种。具体来说，又可分成“四大”和“四小”两个阵营：“四大”即为瑞典的 ABB、日本的 FANUC 及 YASKAWA、德国的 KUKA；“四小”为日本的 OTC、PANASONIC、NACHI 及 KAWASAKI。其中，日本 FANUC 与 YASKAWA、瑞典 ABB 三家企业在全球机器人销量均突破了 20 万台，KUKA 机器人的销量也突破了 15 万台。国内也涌现了一批工业机器人厂商，这些厂商中既有像沈阳新松、安徽埃夫特这样的国内机器人技术的领先者，也有像南京埃斯顿、广州数控这些伺服数控系统厂商。图 1-1-17 展示了近年来工业机器人行业应用分布情况，当今世界近 40% 的工业机器人集中使用在汽车及相关领域，主要进行搬运、码垛、焊接、涂装和装配等复杂作业。

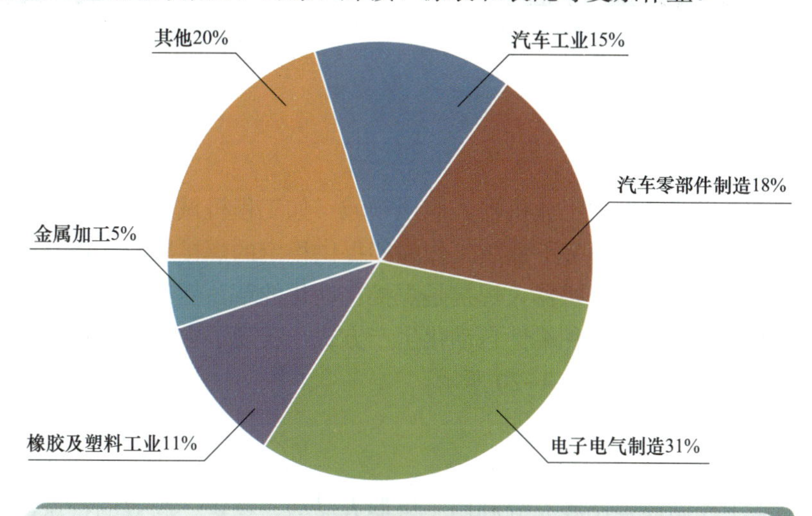

图 1-1-17　近年来工业机器人行业应用分布

1. 机器人搬运

搬运作业是指用一种设备握持工件，从一个加工位置移到另一个加工位置。搬运机器人可安装不同的末端执行器（如机械手爪、真空吸盘、电磁吸盘等）以完成各种不同形状和状态的工件搬运，大大减轻了人类繁重的体力劳动，通过编程控制，可以让多台机器人配合各个工序不同设备的工作时间，实现流水线作业的最优化。搬运机器人具有定位准确、工作节拍可调、工作空间大、性能优良、运行平稳和维修方便等特点。搬运机器人广泛应用于机床上下料、自动装配流水线、码垛搬运、集装箱自动搬运等，机器人搬运如图 1-1-18 所示。

2. 机器人码垛

机器人码垛是机电一体化高新技术应用，如图 1-1-19 所示。它可满足中低量的生产需要，也可按照要求的编组方式和层数，完成对料带、胶块、箱体等各种产品的码垛。机器人替代人工搬运、码垛，能迅速提高企业的生产效率和产量，同时能减少人工搬运造成的错误；机器人码垛可全天候作业，由此每年能节约大量的人力资源成本，达到减员增效的目的。码垛机器人广泛应用于化工、饮料、食品、啤酒、塑料等生产企业，对纸箱、袋装、罐装、啤酒箱、瓶装等各种形状的包装成品都适用。

图 1-1-18　机器人搬运

图 1-1-19　机器人码垛

3. 机器人焊接

机器人焊接是目前最大的工业机器人应用领域（如工程机械、汽车制造、电力建设、钢结构等），它能在恶劣的环境下连续工作并能提供稳定的焊接质量，提高了工作效率，减轻了工人的劳动强度。采用机器人焊接是焊接自动化的革命性进步，它突破了焊接刚性自动化的传统方式，开拓了一种柔性自动化生产方式，实现了在一条焊接机器人生产线同时自动生产若干种焊件，如图 1-1-20 所示。

4. 机器人涂装

机器人涂装工作站或生产线充分利用了机器人灵活、稳定、高效的特点，适用于生产量大、产品型号多、表面形状不规则的工件外表面涂装，广泛应用于汽车、汽车零配件

（如发动机、保险杠、变速器、弹簧、板簧、塑料件、驾驶室等）、家电（如电视机、电冰箱、洗衣机、计算机等外壳）、建材（如卫生陶瓷）、机械（如电动机减速器）等企业，如图 1-1-21 所示。

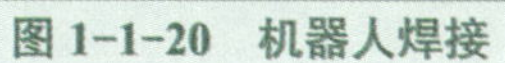

图 1-1-20　机器人焊接

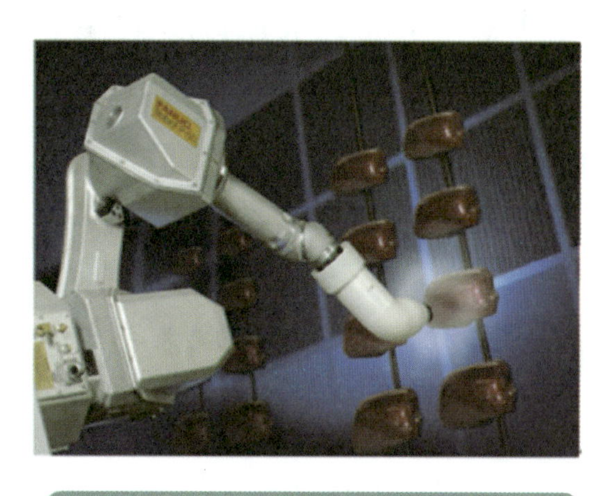

图 1-1-21　机器人涂装

5. 机器人装配

机器人装配工作站是柔性自动化系统的核心设备。图 1-1-22 所示为机器人进行手机装配。其末端执行器为适应不同的装配对象而设计成各种手爪；传感系统用于获取装配机器人与环境和装配对象之间相互作用的信息。与一般工业机器人相比，装配机器人具有精度高、柔顺性好、工作范围小、能与其他系统配套使用等特点，主要应用于各种电器的制造企业及流水线产品的组装作业，具有高效、精确、可不间断工作的特点。综上所述，在工业生产中应用机器人，可以方便迅速地改变作业内容或方式，以满足生产要求的变化，比如，改变焊缝轨迹、改变涂装位置、变更装配部件或位置等。随着对工业生产线柔性的要求越来越高，对各种机器人的需求也会越来越强烈。

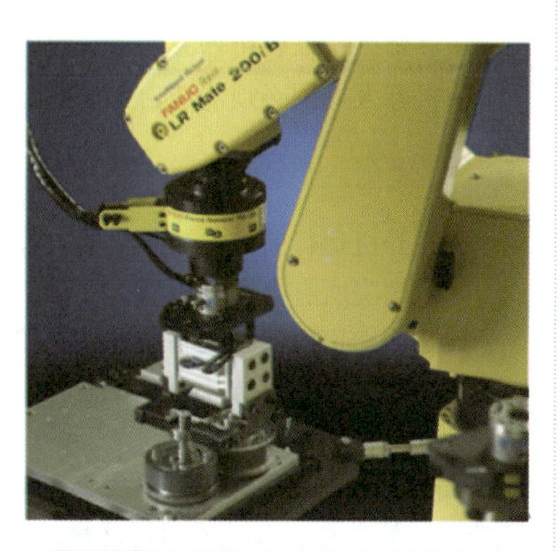

图 1-1-22　机器人装配

五、工业机器人的安全使用

安全在生产中是最重要的，操作不当或者不按规定使用机器人系统可能会导致对人体和生命造成威胁、对机器人系统和用户的其他财物造成威胁以及对机器人系统和操作者的工作效率造成威胁，因此无论是自身的安全，还是他人及设备的安全都是很重要的，我们应把安全放在首位。

1. 安全标记

这个标记的意义是：如果不严格遵守操作说明、工作指示、规定的操作顺序和诸如此类的规定，可能会导致人员伤亡事故。

这个标记的意义是：如果不严格遵守或不遵守操作说明、工作指示、规定的操作顺序和诸如此类的规定可能会导致机器人系统的损坏。

这个标记的意义是：应该注意某个特别的提示。一般来说遵循这个提示将使工作容易完成。

2. 安全标记操作规程

- 操作者在操作 KCP 示教盒时不能戴手套。佩戴手套可能会引起操作失误。
- 在点动操作机器人时要采用较低的倍率速度以便增加机器人的控制安全。
- 在按下示教盒的点动键之前要考虑机器人的运行趋势。
- 要预先选择好机器人的运行线路，要保证该线路不受干扰。
- 机器人周围必须清洁、无油、无水和其他杂质等。

3. 运行注意事项

- 在开机运行前，须知晓机器人程序将要执行的全部任务。
- 须知晓所有会影响机器人移动的开关、传感器和控制信号的位置及状态。
- 必须知道机器人控制器和外围控制设备上紧急停止按钮的位置。
- 不要认为机器人不移动其程序就已经运行完毕，因为这时机器人可能在等待使其继续移动的信号。

警告：在机器人运行前，应该确认没有人在安全护栏区内。同时，要检查确信不存在危险位置的风险。如果检测到这样的位置，应该在运行前消除隐患。

4. 编程注意事项

警告：应该在安全护栏区域外，尽可能远的地方编程。如果程序需要在安全护栏区域内完成，程序员应该遵循如下事项：

- 在进入安全护栏区域前，确认在区域中没有危险位置的风险。
- 随时准备按紧急停机按钮。
- 机器人应该在低速运行。
- 程序运行前，检查整个系统状态，确认没有到外围设备的远程指令，确认没有动作对使用者有威胁。

● 在进行更换工作、设置工作、维修工作和调整工作时必须按照本操作指导说明的规定将机器人系统关断，即将机器人控制柜上的总开关置于“关断（AUS）”，并挂上挂锁，防止未经许可的重新开机。在控制柜开关被关断后，大于 50 V（600 V）的电压被送入 KPS、KSD 和中间回路连接电缆，时间超过 5 分钟 。

● 机器人系统电气部分的工作只允许由电气专业技术人员或者在电气专业技术人员的指导和监督下由辅助人员按照通常适用的电气技术规范进行。

● 如果有效的安全装置与机器人系统直接或间接相关，并且要在这个机器人系统上进行更换、设置、保养和调整工作时，原则上不允许将这些安全装置拆除或者停止它的工作。否则将对人体和生命构成威胁，如发生压伤、眼损伤、骨折、严重的内伤和外伤等安全事故。

● 如果必须在机器人的危险区域内工作，则最多允许机器人以手动运行速度动作，使工作人员有足够的时间离开会发生危险的范围或者将机器人停止。

● 不允许在机器人系统中进行任何自行改造和改动工作。

6. 安全功能

安全功能包括：工作空间限制；紧急停止；外部紧急停止；使能开关；外部使能开关。

● 工作空间限制。

机器人的设计允许在三个主要轴上安装用于工作空间限制的机械停止附件，除此之外，使能软限位可以限制所有轴的运动范围。

● 紧急停止。

急停按钮一般安装在控制面板上，在程序进行和操作当中同样可以使用。当在测试模式下按下紧急停止键时，紧急停止功能会立即断开驱动器、动力制动器并保持制动。在自动模式下，紧急停止功能将通过驱动器的电源达到迅速停止的目的，一旦机器人处于停止状态，驱动器便会断开连接。

● 外部紧急停止。

如果应对危险情况，需要安置附加急停或者几个急停系统连在一起，这可以通过使用一个专用接口达到目的。

● 使能开关。

库卡控制面板设有三处使能开关，在操作模式 TEST1 和 TEST2 下，任一开关都可以使用，中间开关允许机器人运动，其他开关能使危险运动安全停止并分离驱动。

● 外部使能开关。

如果在安全措施中第二个人是必需的，那么外部使能开关的功能允许连接一个附加的使能装置，如果这个人同样使用这个使能装置，这是许可的。

※ 任务实施

一、观看工业机器人在工厂自动化生产线中的应用录像

观看工业机器人在工厂自动化生产线中的应用录像，了解工业机器人的类型、品牌和应用等，填于表 1-1-1 中。

表 1-1-1　观看工业机器人在工厂自动化生产线中的应用录像记录表

序号	类型	品牌及型号	应用场合
1	搬运机器人		
2	码垛机器人		
3	装配机器人		
4	焊接机器人		
5	涂装机器人		

二、参观工厂和机器人实训室

参观工厂和机器人实训室，记录工业机器人的品牌及型号，并查阅相关资料，了解工业机器人的主要技术指标及用途，填于表 1-1-2 中。

表 1-1-2　参观工厂、机器人实训室记录表

序号	品牌及型号	主要技术指标	用途
1			
2			
3			

三、教师演示工业机器人的操作过程，并说明操作过程的注意事项

四、在教师的指导下，学生分组进行简单的机器人移动操作练习

※ 课后作业

在任务实施完成后，你能回答出以下问题吗？

1. 什么是工业机器人？

2. 简述工业机器人的特点。

3. 按照机器人技术水平发展可将工业机器人分为哪三代？

4. 按照机器人的机构特征，工业机器人可以分为哪四种？

5. 机器人行业所说的四巨头指的是哪四种机器人？

成功了吗？　检查了吗？　评价了吗？　反馈了吗？

分值（10分）评价 / 项目	自我评价	小组评价	教师综合评价
感兴趣程度			
任务明确程度			
学习主动性			
工作表现			
协作精神			
时间观念			
任务完成熟练程度			
理论知识掌握程度			
任务完成效果			
文明安全生产			
总评			

学习任务二 工业机器人的机械结构和运动控制

知识目标

1. 熟悉工业机器人的常见技术指标。
2. 掌握工业机器人的机构组成及各部分的功能。
3. 了解工业机器人的运动控制。

能力目标

1. 能清楚工业机器人的基本组成结构。
2. 能判别工业机器人的点位运动和连续路径运动。

任务描述

工业机器人是一种模拟人手臂、手腕和手功能的机电一体化装置，可对物体运动的位置、速度和加速度进行精确控制，从而完成某一工业生产的作业要求。本次任务的主要内容就是认识并了解KUKA机器人的系统结构和组成；通过观看实验室实训设备、现场参观等，观察机器人控制系统，了解控制柜内部构成，掌握工业机器人机构组成。

※ 知识链接

一、工业机器人的系统组成

机器人的运用范围越来越广泛，即使在很多的传统工业领域中人们也在努力使机器人代替人类工作。如图 1-2-1 所示，当前工业中应用最多的第一代工业机器人主要由机器人本体（操作机）、控制器、示教器三大部件构成，同时还包括连接电缆和软件组成。而对于第二代及第三代工业机器人还包括感知系统和分析决策系统，它们分别由传感器及软件实现。

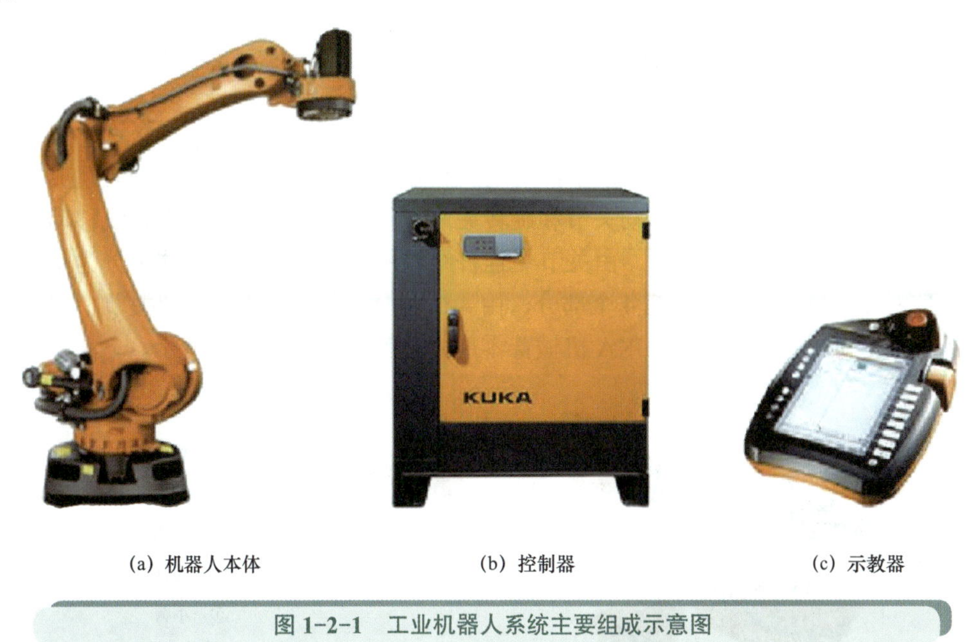

(a) 机器人本体　(b) 控制器　(c) 示教器

图 1-2-1　工业机器人系统主要组成示意图

1. 机器人本体

机器人本体（也称操作机）是工业机器人机械系统的主体，是用来完成各种作业的执行机构。它主要由机械臂、驱动装置、传动单元及内部传感器等部分组成。由于机器人需要实现快速而频繁的启停、精确的到位和运动，因此必须采用位置传感器、速度传感器等检测元件实现位置、速度和加速度闭环控制。如图 1-2-2 所示，为六轴自由度关节型工业机器人操作机的基本构造。为适应不同的用途，机器人操作机最后一个轴的机械接口通常为一连接法兰，可接装不同的机械操作装置（习惯上称为末端操作器），末端操作器是直接装在手腕上的一个重要部件，可以是两手指或多手指的手爪，也可以是喷漆枪、焊枪等。

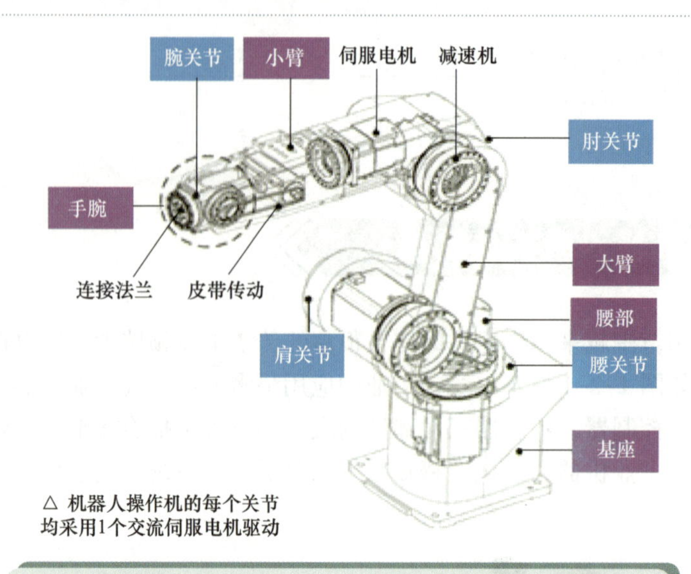

图 1-2-2　关节型工业机器人本体的基本构造

（1）机械臂

机械臂通常称为机械手，它由众多活动的、相互连接在一起的关节（轴）组成，我们也称之为运动链。关节通常是移动关节和旋转关节。移动关节允许连杆做直线移动，旋转关节仅允许连杆之间做旋转运动。由关节－连杆结构所构成的机械臂大体可分为基座、腰部、臂部（大臂和小臂）和手腕 4 个部分，由 4 个独立旋转“关节”（腰关节、肩关节、肘关节和腕关节）串联而成，KUKA 机械臂零部件分解图如图 1-2-3 所示。

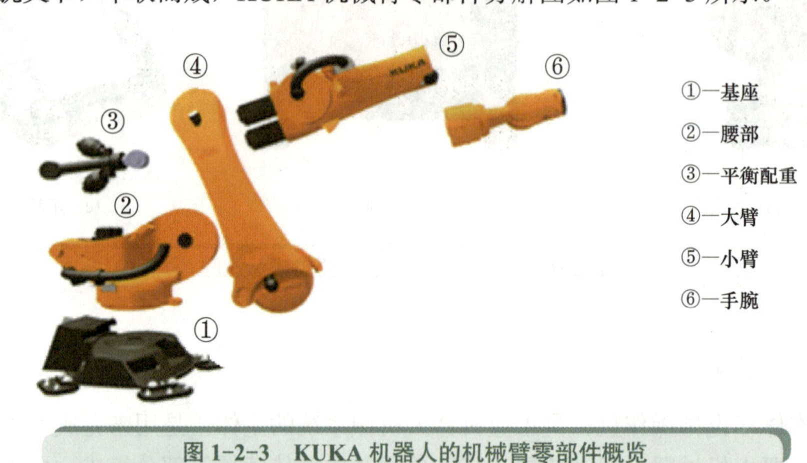

图 1-2-3　KUKA 机器人的机械臂零部件概览

1）基座。工业机器人的基座是机器人的基础部分，起支撑作用，整个执行机构和驱动系统都安装在基座上。有时为了能使机器人完成较远距离的操作，可以增加行走机构，行走机构多为滚轮式或履带式，行走方式分为有轨与无轨两种。近几年发展起来的步行机器人的行走机构多为连杆机构。

2）腰部。腰部是连接臂部和基座的部件，是机器人手臂的支撑部分。根据执行机构坐标系的不同，腰部可以在基座上转动，也可以和基座制成一体。有时腰部也可以通过导杆或导槽在基座上移动，从而增大工作空间。

3）臂部。臂部包含大臂和小臂，是操作机中的主要运动部件，它用来支承手腕和臂部，并用来调整手部在空间中的位置。臂部一般有三个自由度，即手臂的伸缩、回转和升降（或俯仰）运动。臂部不仅承受被抓取工件的质量，还承受末端执行器、手腕和臂部自身质量。因此，其大、小臂通常是用高强度铝合金材料制成的薄臂框形结构，各运动都采用齿轮传动。

4）手腕。工业机器人的手腕是手臂和手部的连接部件，起支承手部和改变手部姿态的作用。机器人一般具有 6 个自由度才能使手部到达目标位置和处于期望的姿态，手腕上的自由度主要实现所期望的姿态。

（2）驱动装置

驱动装置是驱使工业机器人机械臂运动的机构。按照控制系统发出的指令信号，借助于动力元件使机器人产生动作，相当于人的肌肉、筋络。机器人常用的驱动方式主要有液压驱动、气压驱动和电气驱动三种基本类型，如表 1-2-1 所示。目前，除个别运动精度不高、重负载或有防爆要求的机器人采用液压、气压驱动外，工业机器人大多采用电气驱动，而其中交流伺服电机应用最广，且驱动器布置大都采用一个关节一个驱动器。

表 1-2-1　三种驱动方式特点比较

驱动方式	特点					
	输出力	控制性能	维修使用	结构体积	制造成本	使用范围
液压驱动	压力高，可获得大的输出力	油液不可压缩，压力、流量均容易控制，可无级调速，反应灵敏，可实现连续轨迹控制	维修方便，液体对温度变化敏感，油液泄漏易着火	在输出力相同的情况下，体积比气压驱动方式小	液压元件成本较高，油路比较复杂	中、小型及重型机器人
气压驱动	气体压力低，输出力较小，如需输出力大时，其结构尺寸过大	可高速，冲击较严重，精确定位困难。气体压缩性大，阻尼效果差，低速不易控制，不易与 CPU 连接	维修简单，能在高温、粉尘等恶劣环境中使用，泄漏无影响	体积较大	结构简单，能源方便，成本低	中、小型机器人
电气驱动	输出力较小或较大	容易与 CPU 连接，控制性能好，响应快，可精确定位，但控制系统复杂	维修使用较复杂	需要减速装置，体积较小	成本较高	高性能、运动轨迹要求严格的机器人

（3）传动单元

驱动装置的受控运动必须通过传动单元带动机械臂产生运动，以精确地保证末端执行器所需求的位置、姿态并实现其运动。

目前，工业机器人广泛采用的机械传动单元是减速器，与通用减速器相比，机器人关节减速器要求具有传动链短、体积小、功率大、质量小和易于控制等特点。大量应用在关节型机器人上的减速器主要有两类：RV 减速器和谐波减速器。一般将 RV 减速器放置在基座、腰部、大臂等重负载位置（主要用于 20 kg 以上的机器人关节）；将谐波减速器放置在小臂、腕部或手部等轻负载位置（主要用于20 kg以下的机器人关节）。此外，机器人还采用齿轮传动、链条（带）传动、直线运动单元等，如图1-2-4所示。

1）谐波减速器。

谐波减速器通常由3个基本构件组成，包括一个有内齿的刚轮、一个工作时可产生径向弹性变形并带有外齿的柔轮和一个装在柔轮内部、呈椭圆形、外圈带有柔性滚动轴承的波发生器，如图1-2-5所示，在这3个基本结构中可任意固定一个，其余一个为主动件，一个为从动件。

图1-2-4 机器人关节传动单元

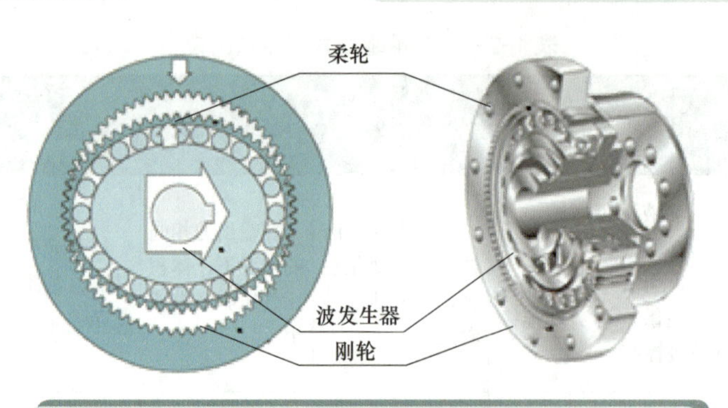

图1-2-5 谐波减速器原理图

2）RV减速器。

与谐波传动相比，RV传动具有较高的抗疲劳强度和刚度以及较长的寿命，而且回差精度稳定，不像谐波传动，随着使用时间的增长，运动精度就会显著降低，故高精度机器人传动多采用RV减速器，而且有逐渐取代谐波减速器的趋势。如图1-2-6所示为RV减速器结构示意图，主要由太阳轮（中心轮）、行星轮、转臂（曲柄轴）、转臂轴承、摆线轮（RV齿轮）、针齿、刚性盘与输出盘等零部件组成。

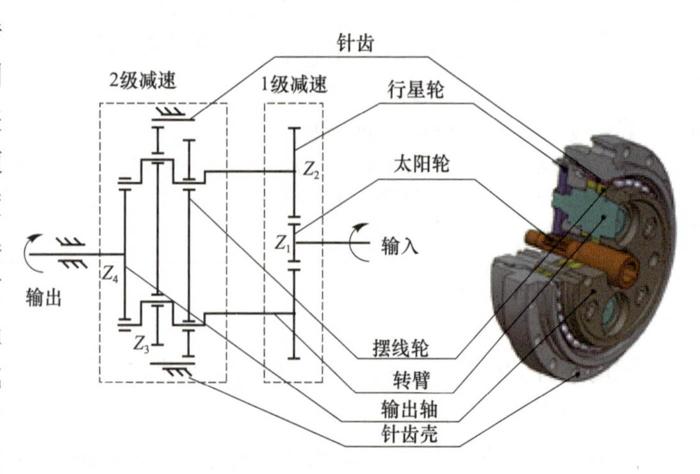

图1-2-6 RV减速器结构示意图

2. 控制器

机器人控制器是机器人的重要组成部分，可根据指令以及传感信息控制机器人完成一定动作或作业任务，是决定机器人动作功能和性能的主要因素，也是机器人系统中更新和发展最快的部分。它通过各种控制电路中的硬件和软件的结合来操纵机器人，并协调机器人与周边设备的关系，其基本功能如下：

• 记忆功能：包括存储作业顺序、运动路径、运动方式、运动速度和与生产工艺有关的信息等。

• 示教功能：包括在线示教和离线示教两种方式。

• 与外围设备联系功能：包括输入 / 输出接口、通信接口、网络接口等。

• 坐标设定功能：可在关节、直角、工具、用户等常见坐标系之间进行切换。

• 人机接口：包括示教盒、操作面板、显示屏。

• 传感器接口：包括位置检测、视觉、触觉、力觉等。

• 位置伺服功能：包括机器人多轴联动、运动控制、速度和加速度控制、动态补偿等。

• 故障诊断安全保护功能：包括运行时状态监视、故障状态下的安全保护和故障自诊断。

控制器是完成机器人控制功能的结构实现。依据控制系统的开放程度，机器人控制器可分为三类：封闭型、开放型和混合型。目前应用中的工业机器人控制系统，基本上都是封闭型系统（如日系机器人）或混合型系统（如欧系机器人）。按计算机结构、控制方式和控制算法的处理方法，机器人控制器又可分为集中式控制和分布式控制两种方式。

（1）集中式控制器

利用一台微型计算机实现系统的全部控制功能，结构简单，成本低，但实时性差，难以扩展，在早期机器人中常采用这种结构，如图 1-2-7 所示。集中式控制器的优点是硬件成本较低，便于信息的采集和分析，易于实现系统的最优控制，整体性与协调性较好，基于 PC 的系统硬件扩展较为方便。但其缺点也显而易见：系统控制缺乏灵活性，控制风险容易集中，一旦出现故障，其影响面广，后果严重；由于工业机器人的实时性要求较高，当系统进行大量数据计算时，会降低系统实时性，系统对多任务的响应能力也会与系统的实时性相冲突；此外，系统连线复杂，会降低系统的可靠性。

（2）分布式控制器

其主要思想是“分散控制，集中管理”，即系统对其总体目标和任务可以进行综合协调和分配，并通过子系统的协调工作来完成控制任务，整个系统在功能、逻辑和物理等方面都是分散的。子系统是由控制器和不同被控对象或设备构成的，各个子系统之间通过网络等进行相互通信。分布式控制结构提供了一个开放、实时、精确的机器人控制系统。分布式系统中常采用两级控制方式，由上位机和下位机组成，如图 1-2-8 所示。上位机负责整个系统管理以及运动学计算、轨迹规划等，下位机由多个 CPU 组成，每个 CPU 控制一个关节运动。上、下位机通过通信总线（如 RS-232、RS-485、以太网等）相互协调工作。分布式系统的优点在于系统灵活性好，控制系统的危险性降低，采用多处理器的分散控制，有利于系统功能的并行执行，提高系统的处理效率，缩短响应时间。

3. 示教器

示教器也称为示教编程器或示教盒，主要由液晶屏幕和操作按键组成。示教器是进行机器人的手动操纵、程序编写、参数配置以及监控的手持装置。它是机器人的人机交互接口，机器人的所有操作基本上都是通过它来完成的，也是最常使用的机器人控制装置。

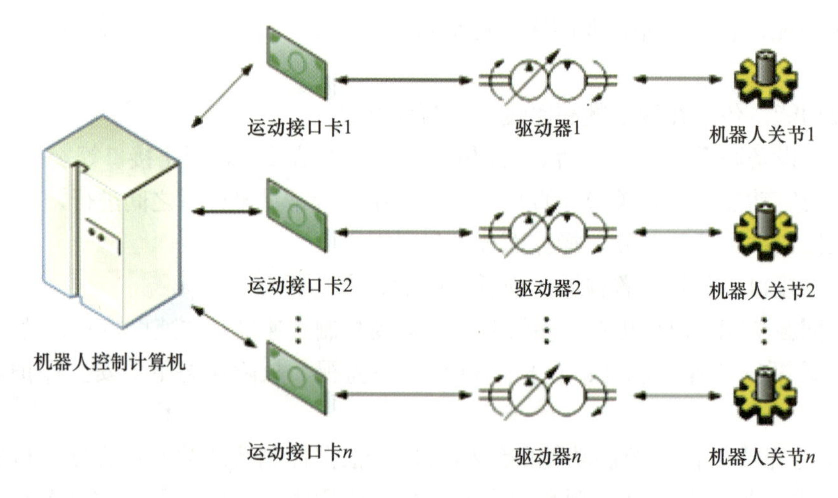

(a) 使用单独接口卡驱动每一机器人关节

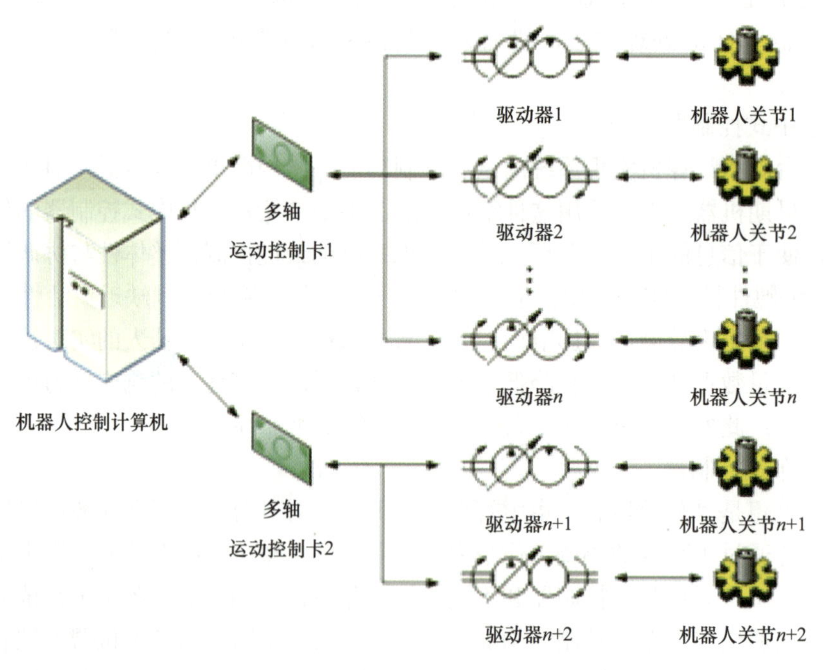

(b) 使用多轴运动控制卡驱动多个机器人关节

图 1-2-7　集中式机器人控制器结构框图

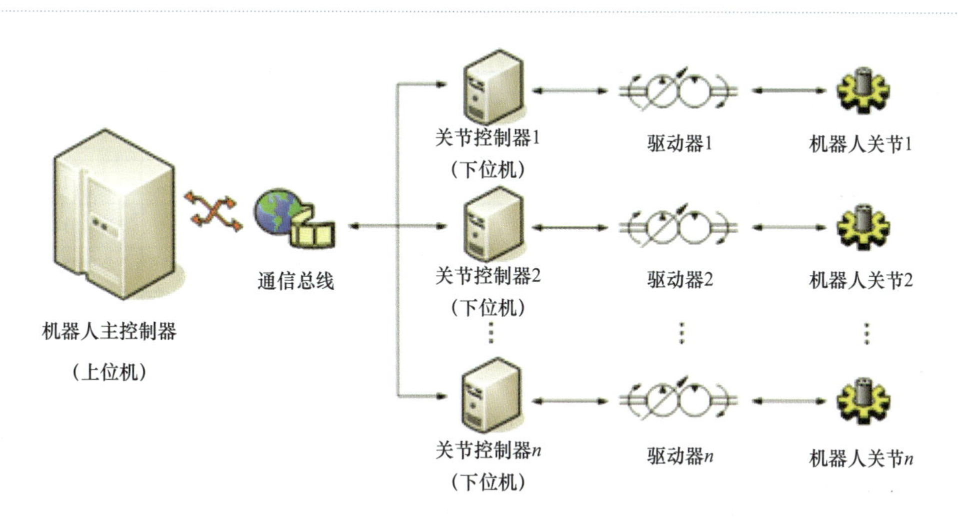

图 1-2-8　分布式机器人控制器结构框图

二、工业机器人的技术指标

工业机器人的技术指标反映了机器人的适用范围和工作性能，是选择、使用机器人必须考虑的问题。尽管各机器人厂商所提供的技术指标不完全一样，机器人的结构、用途以及用户的要求也不尽相同，但其主要技术指标一般均为：自由度、额定负载、工作精度、工作空间和最大工作速度等。表 1-2-2 是工业机器人行业四大品牌的市场典型热销产品的主要技术参数。

表 1-2-2　工业机器人行业四大品牌的市场典型热销产品的主要技术参数

机器人品牌及型号	机器人主要的技术参数				
KUKA KR5 arc	机械结构	六轴垂直多关节型	最大工作速度	A1	154°/s
				A2	154°/s
	额定负载	5 kg		A3	228°/s
				A4	343°/s
	工作半径	1 412 mm		A5	384°/s
				A6	721°/s
	工作精度	±0.04 mm	工作空间	A1	±155°
				A2	+ 65° ～− 180°
	安装方式	落地式、倒挂式		A3	+ 158° ～− 15°
				A4	±350°
	本体质量	127 kg		A5	±130°
				A6	±350°

续表

机器人品牌及型号	机器人主要的技术参数				
ABB IRB 1520ID	机械结构	六轴垂直多关节型	最大工作速度	轴 1	130°/s
				轴 2	140°/s
	额定负载	4 kg		轴 3	140°/s
				轴 4	320°/s
	工作半径	1 500 mm		轴 5	380°/s
				轴 6	460°/s
	工作精度	0.05 mm	工作空间	轴 1	±170°
				轴 2	+ 150° ~− 90°
	安装方式	落地式、倒置式		轴 3	+ 80° ~− 100°
				轴 4	±155°
	本体质量	170 kg		轴 5	±135°
				轴 6	±200°
FANUC M-10iA	机械结构	六轴垂直多关节型	最大工作速度	J1	210°/s
				J2	190°/s
	额定负载	10 kg		J3	210°/s
				J4	400°/s
	工作半径	1 420 mm		J5	400°/s
				J6	600°/s
	工作精度	±0.08 mm	工作空间	J1	340°
				J2	250°
	安装方式	落地式、倒置式		J3	445°
				J4	380°
	本体质量	130 kg		J5	380°
				J6	720°
YASKAWA AR1440	机械结构	六轴垂直多关节型	最大工作速度	S 轴	260°/s
				L 轴	230°/s
	额定负载	12 kg		U 轴	260°/s
				R 轴	470°/s
	工作半径	1 440 mm		B 轴	470°/s
				T 轴	700°/s
	工作精度	±0.08 mm	工作空间	S 轴	±170°
				L 轴	+ 155° ~− 90°
	安装方式	落地式、倒挂式、壁挂式、倾斜式		U 轴	+ 140° ~− 85°
				R 轴	±150°
	本体质量	150 kg		B 轴	+ 90° ~− 135°
				T 轴	±210°

1. 自由度

自由度是指机器人所具有的独立坐标轴运动的数目，末端执行器的动作不包括在内。采用空间开链连杆机构的机器人，因每个关节运动副仅有一个自由度，所以机器人的自由度数就等于它的关节数。自由度通常作为机器人的技术指标，反映机器人动作的灵活性，自由度数越多就越灵活，但结构也越复杂，控制难度也越大。大于 6 个自由度称为冗余自由度，冗余自由度增加了机器人的灵活性，可方便机器人躲避障碍物和改善机器人的动力性能，因而关节机器人在工业领域得到广泛的应用。目前，焊接和涂装作业机器人多为 6 或 7 个自由度，而搬运、码垛和装配机器人多为 4 ～ 6 个自由度。

2. 额定负载

额定负载也称持重，是指正常操作条件下，作用于机器人手腕末端，且不会使机器人性能降低的最大载荷。目前使用的工业机器人负载范围为 0.5 ～ 800 kg。

3. 工作精度

机器人的工作精度主要指定位精度和重复定位精度。定位精度也称绝对精度，是指机器人末端执行器实际到达位置与目标位置之间的差异。重复定位精度简称重复精度，是指机器人重复定位其末端执行器于同一目标位置的能力。工业机器人具有绝对精度低、重复精度高的特点。一般而言，工业机器人的绝对精度要比重复精度低一到两个数量级，造成这种情况的主要原因是机器人控制系统根据机器人的运动学模型来确定机器人末端执行器的位置，然而这个理论上的模型和实际机器人的物理模型存在一定的误差，产生误差的因素主要有机器人本身的制造误差、工件加工误差以及机器人与工件的定位误差等。目前，工业机器人的重复精度可达 ±0.01 ～ ±0.5mm。根据作业任务和末端持重的不同，机器人的重复精度亦要求不同，如表 1-2-3 所示。

表 1-2-3　工业机器人典型行业应用的工作精度

作业任务	额定负载 /kg	重复定位精度 /mm
搬 运	5 ～ 200	±0.2~±0.5
码 垛	50 ～ 800	±0.5
点 焊	50 ～ 350	±0.2 ～ ±0.3
弧 焊	3 ～ 20	±0.08 ～ ±0.1
喷 涂	5 ～ 20	±0.2 ～ ±0.5
装 配	2 ～ 5	±0.02 ～ ±0.03
	6 ～ 10	±0.06 ～ ±0.08
	10 ～ 20	±0.06 ～ ±0.1

4. 工作空间

工作空间是机器人运行时手臂末端或手腕中点所能到达的所有点的集合，也称工作范围、工作行程。工业机器人在执行任务时，其手腕参考点所能掠过的空间，常用图形来表示，如图 1-2-9 所示为 KUKA KR5 arc 机器人的工作空间。由于工作空间的形状和大小反映了机器人工作能力的大小，因而它对于机器人的应用十分重要。工作空间不仅与机器人各连杆的尺寸有关，还与机器人的总体结构有关。为能真实反映机器人的特征参数，厂家所给出的工作空间一般指不安装末端执行器时可以到达的区域。应特别注意的是，在装上末端执行器后，需要同时保证工具姿态，实际的可达空间会比厂家给出的要小一层，需要认真地用比例作图法或模型法核算一下，以判断是否满足实际需要。目前，单体工业机器人本体的工作半径可达 3.5 m 左右。

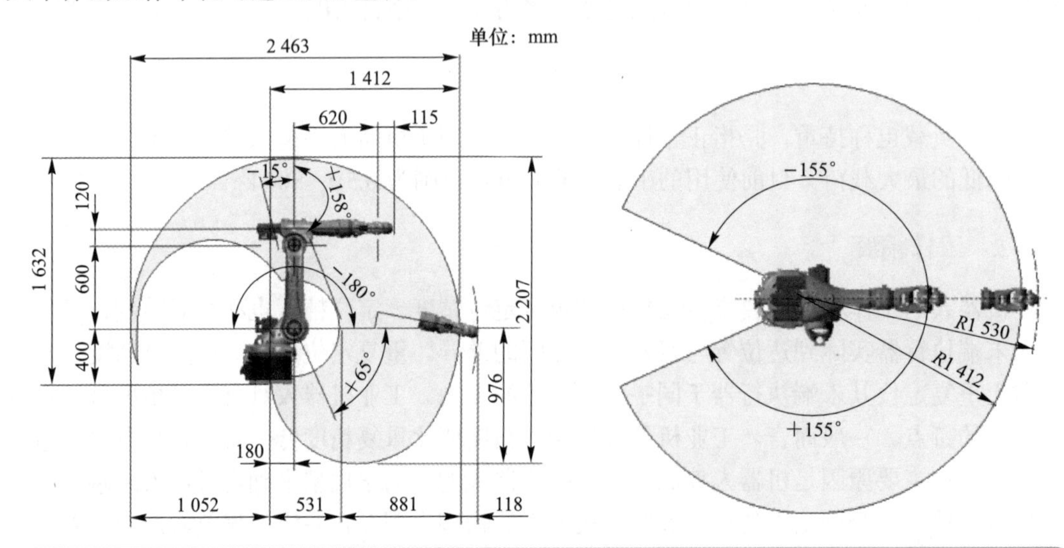

图 1-2-9 KUKA KR5 arc 机器人的工作空间

5. 最大工作速度

生产机器人的厂家不同，其所指的最大工作速度也不同，有的厂家指工业机器人主要自由度上最大的稳定速度，有的厂家指在各轴联动情况下，机器人手腕中心所能达到的最大线速度。这在生产中是影响生产效率的重要指标，因生产厂家不同而标注不同，一般都会在技术参数中加以说明。很明显，最大工作速度越高，生产效率也就越高；然而，工作速度越高，对机器人最大加速度的要求也就越高。

除上述五项技术指标外，还应注意机器人的控制方式、驱动方式、安装方式、存储容量、插补功能、语言转换、自诊断及自保护、安全保障功能等。

三、工业机器人的运动控制

1. 机器人运动学问题

工业机器人操作机可看作是一个开链式多连杆机构，始端连杆就是机器人的基座，末端连杆与工具相连，相邻连杆之间用一个关节（轴）连接在一起，如图 1-2-10 所示。对于一个 6 自由度工业机器人，它由 6 个连杆和 6 个关节（轴）组成。编号时，基座称为连杆 0，不包含在这 6 个连杆内，连杆 1 与基座由关节 1 相连，连杆 2 通过关节 2 与连杆 1 相连，以此类推。

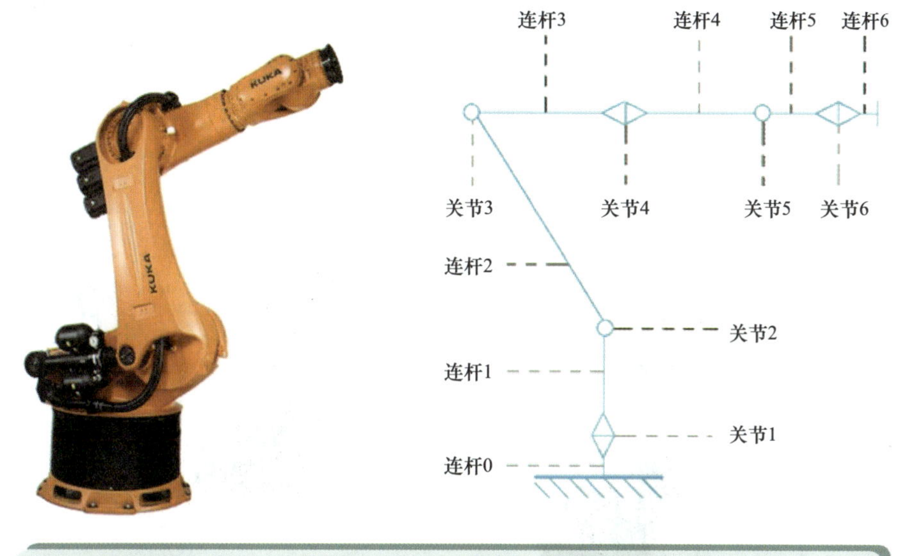

图 1-2-10　工业机器人操作机

要实现对工业机器人在空间运动轨迹的控制，完成预定的作业任务，在操作机器人时，其末端执行器必须处于合适的空间位置和姿态（以下简称位姿），而这些位姿是由机器人若干关节的运动所合成的。可见，要了解工业机器人的运动控制，首先必须知道机器人各关节变量空间和末端执行器位姿之间的关系，即机器人运动学模型。一台机器人操作机几何结构一旦确定，其运动学模型也就确定下来了，这是机器人运动控制的基础。简而言之，在机器人运动学中存在两类基本问题：

1）运动学正问题：对给定的机器人操作机，已知各关节角矢量，求末端执行器相对于参考坐标系的位姿，称之为正向运动学（运动学正解或 Where 问题），如图 1-2-11（a）所示。机器人示教时，机器人控制器即逐点进行运动学正解运算。

2）运动学逆问题：对给定的机器人操作机，已知末端执行器在参考坐标系中的初始位姿和目标（期望）位姿，求各关节角矢量，称之为逆向运动学（运动学逆解或 How 问题），如图 1-2-11（b）所示。机器人再现时，机器人控制器即逐点进行运动学逆解运算，并将矢量分解到操作机各关节。

2．工业机器人点位运动和连续路径运动

工业机器人的很多作业实质是控制机器人末端执行器的位姿，以实现点位运动或连续路径运动。

（1）点位（Point to Point，PTP）运动

点位运动只关心机器人末端执行器运动的起点和目标点位姿，而不关心这两点之间的运动轨迹。点位运动比较简单，比较容易实现。例如，在图 1-2-12 中，倘若要求机器人

末端执行器由 *A* 点点位运动到 *B* 点，那么机器人可沿①～③中的任一路径运动。该运动方式可完成无障碍条件下的点焊、搬运等作业操作。

（2）连续路径（Continuous Path，CP）运动

连续路径运动不仅关心机器人末端执行器达到目标点的精度，而且必须保证机器人能沿所期望的轨迹在一定精度范围内重复运动。例如，在图 1-2-12 中，倘若要求机器人末端执行器由 *A* 点直线运动到 *B* 点，那么机器人仅可沿路径②移动。该运动方式可完成机器人弧焊、涂装等操作。

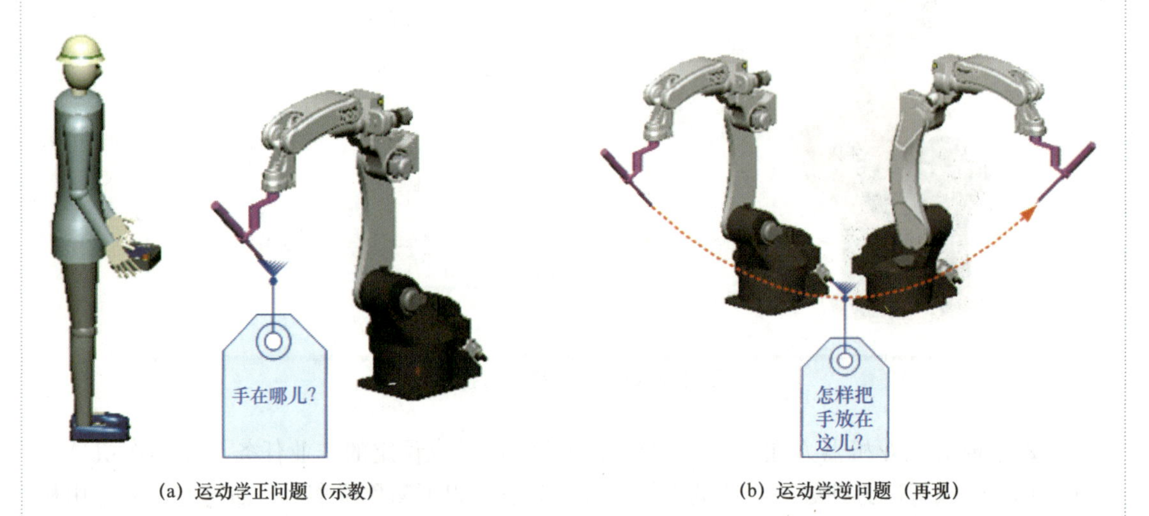

图 1-2-11　机器人运动学问题

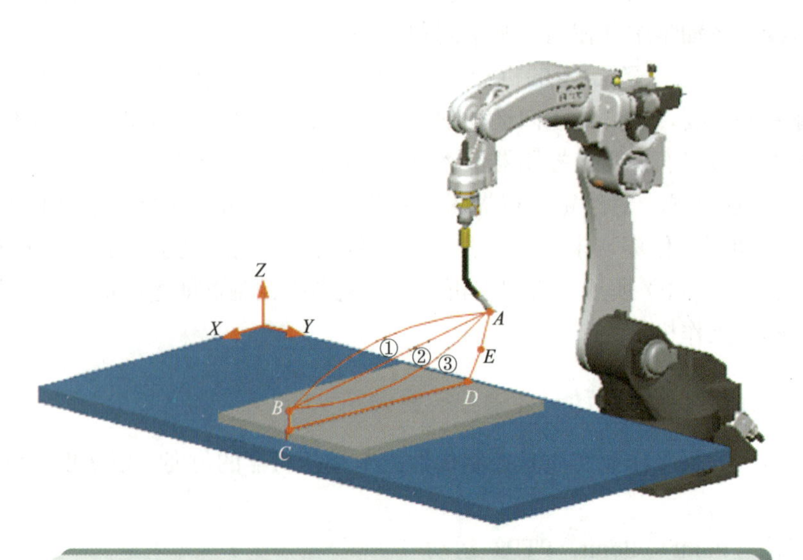

图 1-2-12　工业机器人 PTP 运动和 CP 运动

机器人连续路径运动的实现是以点到点运动为基础，通过在相邻两点之间采用满足精度要求的直线或圆弧轨迹插补运算即可实现轨迹的连续化。机器人再现时，主控制器（上位机）存储器中逐点取出各示教点空间位姿坐标值，通过对其进行直线或圆弧或插补运算，生成相应路径规划，然后把各插补点的位姿坐标值通过运动学逆解运算转换成关节角度值，分送机器人各关节或关节控制器（下位机），如图 1-2-13 所示。由于绝大多数工业机器人是关节式运动形式，很难直接检测机器人末端的运动，因此只能对各关节进行控制，属于半闭环系统。

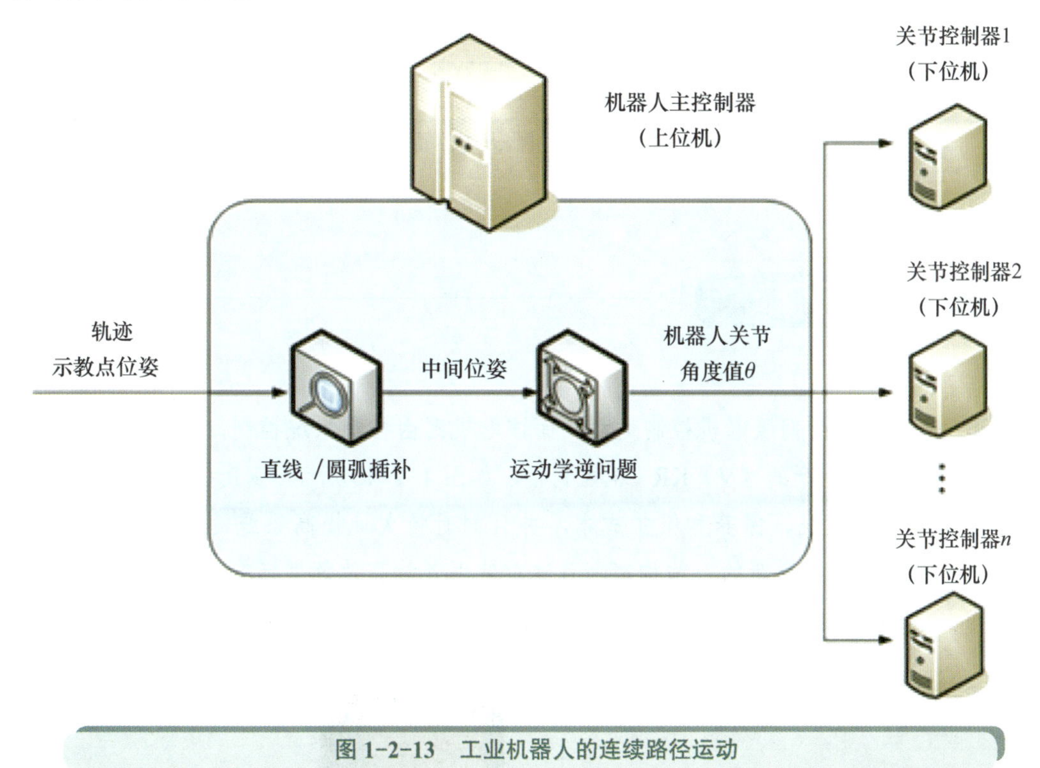

图 1-2-13　工业机器人的连续路径运动

3. 机器人的位置控制

工业机器人的控制方式有不同的分类，如按被控制对象不同可分为位置控制、速度控制、加速度控制、力控制、力矩控制、力和位置混合控制等，而实现机器人的位置控制是工业机器人的基本控制任务。由于机器人是由多轴（关节）组成的，每个轴的运动都将影响机器人末端执行器的位姿。如何协调各轴的运动，使机器人末端执行器完成作业要求的轨迹，是需要解决的问题。关节控制器（下位机）是执行计算机，负责伺服电机的闭环控制及实现所有关节的动作协调。它在接收主控制器（上位机）送来的各关节下一步期望达到的位姿后，又做一次均匀细分，以使运动轨迹更为平滑。然后将各关节下一细步期望值逐点送给驱动电机，同时检测光电码盘信号，直至准确到位，如图 1-2-14 所示。

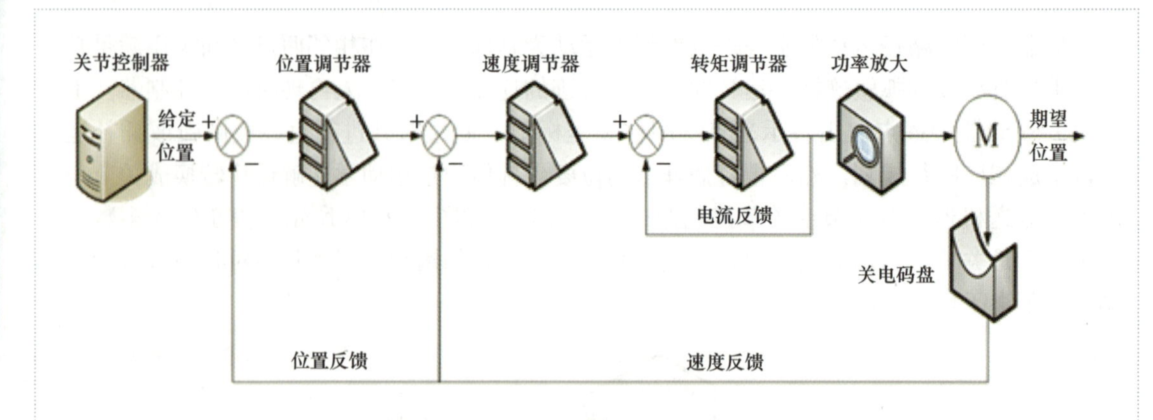

图 1-2-14　工业机器人的位置控制

※ 任务实施

机器人机械系统由伺服电机控制运动，而该电机则由控制系统控制，本节课的任务就是认识 KUKA 公司生产的（V）KR C4 控制柜，如图 1-2-15 所示。KR C4 的革新理念降低了自动化方面的集成、保养和维护成本，并且同时持久地提高系统的效率和灵活性。KUKA 公司开发了一个全新的、结构清晰且注重使用开放高效数据标准的系统架构。这个系统架构中集成的所有安全控制（Safety Control）、机器人控制（Robot Control）、运动

图 1-2-15　（V）KR C4 控制柜

控制（Motion Control）、逻辑控制（Logic Control）及工艺过程控制（Process Control）均拥有相同的数据基础和基础设施，并可以对其进行智能化使用和分享，使系统具有最高性能、可升级性和灵活性。如图 1-2-16 所示，（V）KR C4 控制柜包括了总电源开关、控制系统操作面板、控制系统计算机、轴调节器等多个部件。

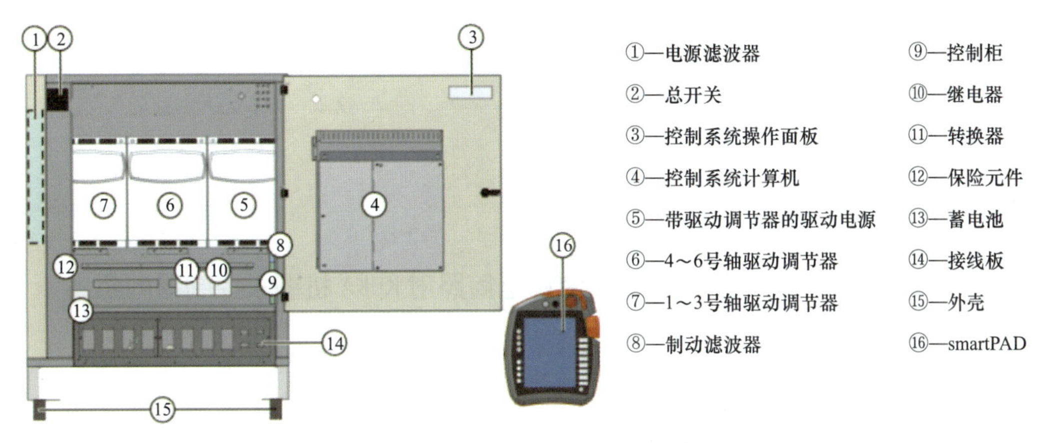

(a) KR C4机器人控制系统正视图概览

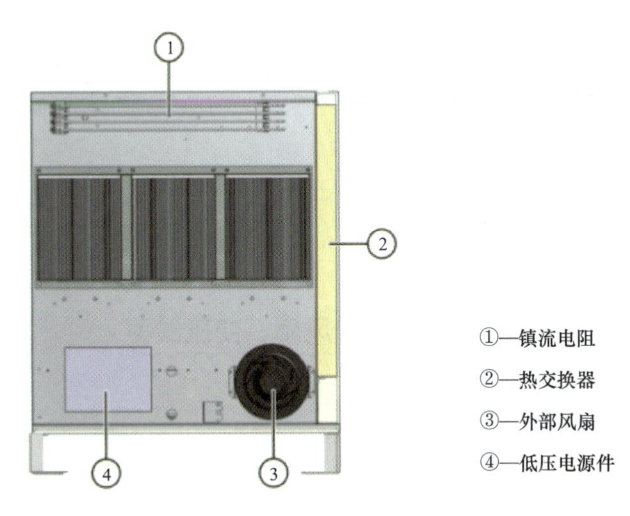

(b) KR C4机器人控制系统后视图概览

图 1-2-16　（V）KR C4 机器人控制系统概览图

※ 任务实施

一、观察 KUKA 机器人控制器的控制面板

二、打开 KUKA 机器人的控制箱，使用电筒照射 KUKA 机器人控制器内部

三、观察 KUKA 机器人控制器内部主控板、伺服控制器、操作面板

四、观察 KUKA 机器人控制器的 I/O 插板、风扇、变压器等

※ 课后作业

在任务实施完成后，你能回答出以下问题吗？

1. 工业机器人主要由哪几部分构成?

2. 工业机器人操作机主要由哪几部分组成?

3. 按计算机结构、控制方式和控制算法的处理，机器人控制器可分为哪两种控制方式?

4. 工业机器人的主要技术指标有哪些?

5. 工业机器人的运动控制主要通过哪两种方式实现?

成功了吗？　检查了吗？　评价了吗？　反馈了吗？

项目 ＼ 分值（10分）＼ 评价	自我评价	小组评价	教师综合评价
感兴趣程度			
任务明确程度			
学习主动性			
工作表现			
协作精神			
时间观念			
任务完成熟练程度			
理论知识掌握程度			
任务完成效果			
文明安全生产			
总评			

模块二 KUKA 机器人操作基础

 学习任务一 KUKA 机器人示教器的认识

 学习任务二 KUKA 机器人的手动操纵

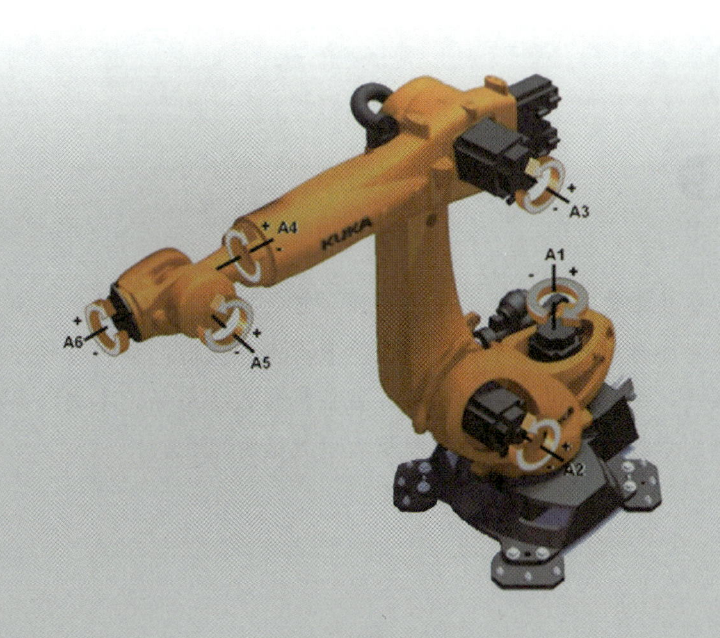

学习任务一 KUKA 机器人示教器的认识

知识目标

1. 掌握示教器的按键功能及使用功能。
2. 理解最初的简单系统信息并排除故障。
3. 掌握 KUKA 机器人示教器的使用。

能力目标

1. 能够熟练应用示教器的各个按键。
2. 能读懂简单的系统信息，会基础故障排除。

任务描述

机器人示教器是一种手持式操作装置，它是机器人的人机交互接口，机器人的所有手动示教操作基本上都是通过示教器来完成的，如编写程序、运行程序、修改程序、手动操纵、参数配置、监控机器人状态等。本次任务就是认识 KUKA 机器人示教器，掌握 KUKA 机器人示教器的使用。

※ 知识链接

一、KUKA smartPAD 示教器的组成

KUKA C4 机器人的示教器叫 KUKA smartPAD，或称 KCP（KUKA 控制面板）。示教器包括连接器、触摸屏、触摸笔、急停按钮、3D 鼠标、运行模式切换开关和使能开关等一些功能按键，KUKA smartPAD 前面板示意图，如图 2-1-1 所示，各部件的功能概述说明见表 2-1-1。KUKA smartPAD 后面板示意图，如图 2-1-2 所示，各部件的功能概述说明见表 2-1-2。

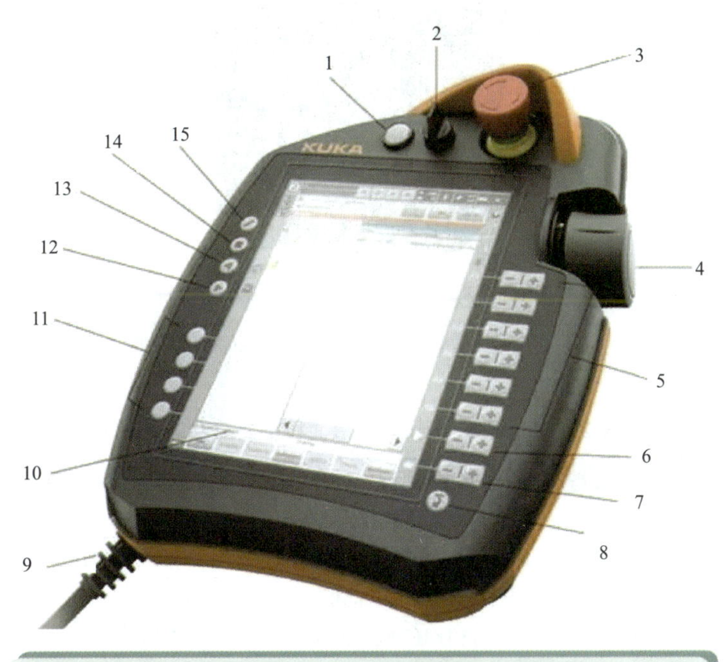

图 2-1-1　KUKA smartPAD 前面板示意图

表 2-1-1　KUKA smartPAD 前面板主要部件功能说明

标号	部件名称	说明
1	断开连接按钮	按下按钮时，可使 smartPAD 与控制系统断开连接
2	钥匙开关	只有当钥匙插入时，方可转动开关，可以通过钥匙开关切换运行模式
3	急停按钮	用于在紧急情况下关停机器人
4	6D 鼠标	用于手动移动机器人
5	移动键	用于手动移动机器人
6	程序倍率按键	用于设定程序倍率
7	手动倍率按键	用于设定手动倍率
8	主菜单按键	用来在 smartHMI 上将菜单项显示出来
9	连接器	用于与机器人控制柜连接

续表

标号	部件名称	说明
10	触摸屏	用于机器人程序、状态等的显示及操作
11	工艺键	主要用于设定工艺程序包中的参数，其确切的功能取决于所安装的工艺程序包
12	启动键	通过启动键可启动一个程序
13	逆向启动键	用逆向启动键可逆向启动一个程序，程序将逐步运行
14	停止键	用停止键可暂停正运行中的程序
15	键盘按键	用于显示键盘。通常不必特地将键盘显示出来，smartHMI 可识别需要通过键盘输入的情况并自动显示键盘

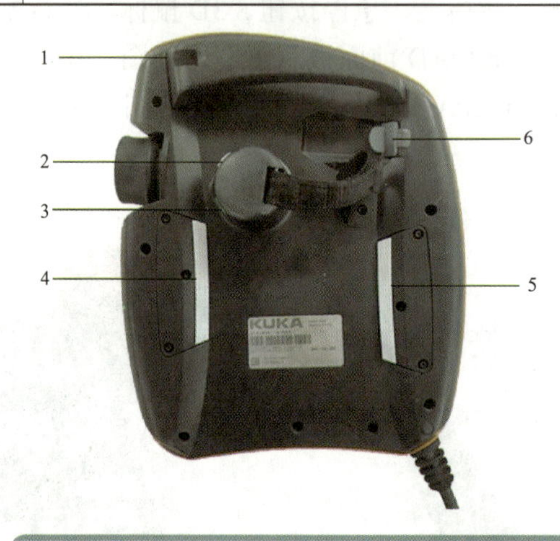

图 2-1-2 KUKA smartPAD 后面板示意图

表 2-1-2 KUKA smartPAD 后面板主要部件功能说明

标　号	部件名称	说　明
1	触摸笔	与触摸屏配套使用
2，4，5	确认开关（使能键）	3 个确认开关的作用是一样的，用于给机器人各轴电动机使能上电
3	启动键	同前面板启动键功能相同，可启动一个程序
6	USB 接口	用于存档 / 还原等方面工作，仅适用于 FAT32 格式的 USB

二、KUKA smartPAD 示教器的手持方式

KUKA smartPAD 示教器是按照人体工程学设计的，有三个确认开关，同时适合使用左手操作和右手操作，现场调试时通常采用的示教器手持方式如图 2-1-3 所示，用左手握持，4 指穿过张紧带，大拇指触摸启动键，食指或其他手指触碰确认开关。

KUKA smartPAD 确认开关是为了保证操作人员的人身安全而设计的，它具有 3 个挡位：未按下、中位和完全按下，只有使用适当的力度握住确认开关，使确认开关在中位，才能给机器人伺服上电进行手动操作和调试，如图 2-1-4 所示，6D 鼠标和移动键变绿，即为手动操作激活状态。当发生紧急情况或危险时，人会本能地将确认开关松开或用力按紧，机器人会伺服断电马上停止，从而保证安全。

图 2-1-3 示教器的手持方式

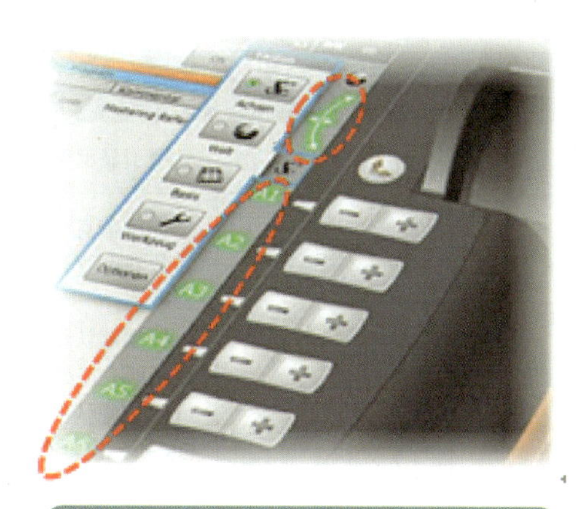

图 2-1-4 示教器手动操做激活状态

1. KUKA smartPAD 示教器的操作界面

KUKA smartPAD 示教器具有一个较大的显示屏，即 KUKA smartHMI，可用手指或触摸笔进行操作，可使用其进行一系列的操作设置、编写程序及运行显示等。其各个功能区如图 2-1-5 所示，功能概述说明见表 2-1-3。

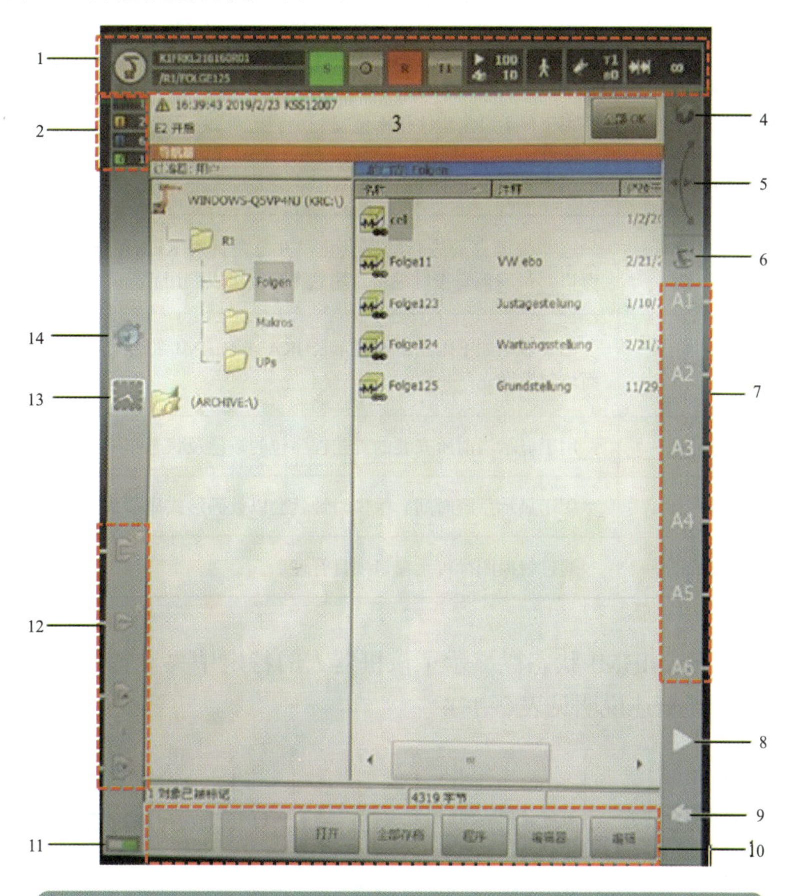

图 2-1-5 KUKA smartHMI 操作界面

表 2-1-3　KUKA smartHMI 操作界面主要功能说明

标　号	部件名称	说　　明
1	状态栏	用于显示工业机器人特定中央设置的状态
2	提示信息计数器	提示信息计数器显示每种提示信息类型各有多少条提示信息。触摸提示信息计数器可放大显示。
3	信息窗口	根据默认设置将显示最后一条提示信息。触摸提示信息窗口可放大该窗口并显示所有待处理的提示信息。 可以被确认的提示信息可用 OK 键确认，所有可以被确认的提示信息可用全部 OK 键一次性全部确认
4	6D 鼠标的状态显示	该显示会显示用 6D 鼠标手动移动的当前坐标系。触摸该显示就可以显示所有坐标系并可以选择另一个坐标系
5	显示 6D 鼠标定位	触摸该显示会打开一个显示 6D 鼠标当前定位的窗口，在窗口中可以修改定位
6	移动键的状态显示	该显示可显示用移动键手动移动的当前坐标系。触摸该显示就可以显示所有坐标系并可以选择另一个坐标系
7	移动键标记	如果选择了与轴相关的移动，这里将显示轴号（A1、A2 等）；如果这里选择了笛卡儿式移动，这里将显示坐标系的方向（*X*、*Y*、*Z*、*A*、*B*、*C*）。触摸标记会显示选择了哪种运动系统组
8	程序倍率标记	用于显示设定程序倍率位置
9	手动倍率标记	用于显示设定手动倍率位置
10	按键栏	这些按键自动进行动态变化，并总是针对 KUKA smartHMI 上当前激活的窗口。最右侧是按键编辑，用这个按键可以调用导航器的多个指令
11	显示存在信号	如果显示如下闪烁，则表示 KUKA smartHMI 激活：左侧和右侧小灯交替缓慢而均匀发绿光
12	工艺键标记	用于显示当前所安装的工艺程序包的数量及状态作用
13	时钟	用于显示系统时间。触摸时钟就会以数码形式显示系统时间以及当前日期
14	WorkVisual 图标	通过触摸图标可至窗口项目管理

其中，KUKA smartHMI 状态栏显示了该机器人的特定中央设置的状态，如图 2-1-6 所示，其详细的功能概述说明见表 2-1-4。

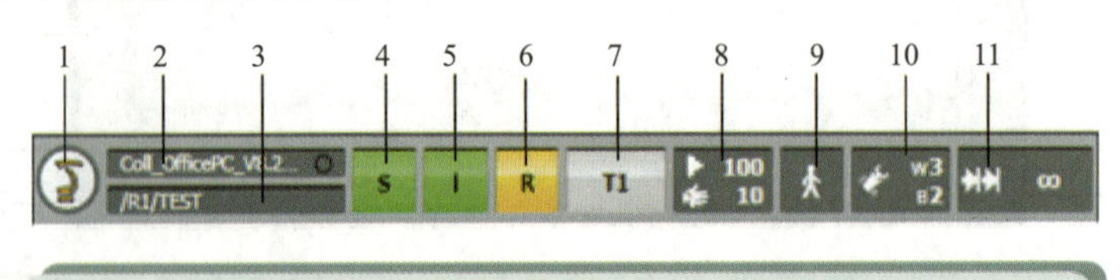

图 2-1-6　KUKA smartHMI 状态栏

表 2-1-4 KUKA smartHMI 状态栏主要功能说明

标号	名称	说 明
1	主菜单按键	功能等同 KUKA smartPAD 前面板上的主菜单按键，用来在 smartHMI 上将菜单项显示出来
2	机器人名称	用于显示该台机器人名称，可进行更改
3	所选程序名称	如果选择一个程序，该处用于显示所选程序名称
4	提交解释器状态显示	用于显示提交解释器的状态
5	驱动装置状态显示	用于显示驱动装置的当前状态，触摸该显示就会打开一个窗口，可在该处接通和断开驱动装置
6	程序状态显示	用于显示程序当前所处状态
7	运行方式显示	用于显示当前的运行方式
8	HOV/POV 状态显示	用于显示当前的程序倍率和手动倍率
9	程序运行方式状态显示	用于显示当前程序的运行方式
10	工具 / 基坐标状态显示	用于显示当前所使用的工具号和当前所使用的基坐标号
11	增量式手动移动状态显示	用于显示增量式手动移动的状态

2. KUKA 机器人控制系统的信息提示

控制器与操作员的通信通过信息窗口实现，如图 2-1-7 所示。其中有五种信息提示类型，分别为确认信息、状态信息、提示信息、等待信息和对话信息，具体功能说明见表 2-1-5 所示。

1 信息窗口：显示当前信息提示

2 信息提示计数器：每种信息提示类型的信息提示数

图 2-1-7 信息窗口和信息提示计数器

表 2-1-4　KUKA smartHMI 状态栏主要功能说明

图标	类型	说明
	确认信息	用于显示需操作员确认后才能继续处理机器人程序的状态。例如：显示“确认紧急停止”。 确认信息始终引发机器人停止或抑制其启动
	状态信息	用于报告控制器的当前状态。例如：显示“紧急停止”。 只要处于这种状态，状态信息是无法被确认的
	提示信息	用于提供有关正确操作机器人的信息，例如：显示“需要启动键”。 提示信息是可被确认的，但只要它们不使控制器停止，则不需要确认
	等待信息	用于说明控制器在等待哪个事件（状态、信号或时间） 等待信息可通过按“模拟”按键手动取消，但一定要注意，指令“模拟”只允许在能够排除碰撞和其他危险的情况下才可以使用
	对话信息	用于与操作员的直接通信 / 问询。 将出现一个含有各种按键的信息窗口，用这些按键可给出各种不同的回答

信息会影响机器人的功能。确认信息始终引发机器人停止或抑制其运动。为了使机器人运动，首先必须对信息予以确认。用 OK 键可对可确认的信息提示加以确认，用全部 OK 键可一次性全部确认所有可以被确认的信息提示。设置指令“OK”是为了使操作人员有意识地对信息进行分析，所以切勿轻率按全部 OK 键，应有意识地进行阅读，特别是在启动后，更应仔细查看信息。其中，每一个信息提示中始终是包含日期和时间的，为研究相关事件提供准确的时间。而查看时应从较早的信息开始阅读，较新的信息可能是受到较早信息产生的影响。

※ 任务实施

一、察看 KUKA smartPAD 示教器，记录开关、按键位置

1. 察看 KUKA smartPAD 示教器确认开关、紧急停止开关、启动开关等，手持 KUKA smartPAD 示教器尝试确认开关的使用。

2. 察看 KUKA smartPAD 示教器上各功能键区、菜单键区、数字键区等各键功能，并记录其功能。

二、察看 KUKA smartHMI

1. 察看 KUKA smartPAD 示教器的操作界面，记录其操作界面的各个功能。

2. 察看 KUKA 机器人控制系统的信息提示。

※ 课后作业

在任务实施完成后，你能回答出以下问题吗？

1. 叙述 KUKA smartPAD 示教器的组成。

2. 确认开关有几个挡位，分别是什么？

3. 对照 KUKA smartPAD 示教器的操作界面，说明各个功能。

4. KUKA 机器人控制系统的信息提示的分类有哪些？

5. 如何确认信息提示？

成功了吗？ 检查了吗？ 评价了吗？ 反馈了吗？

分值（10 分）评价 / 项目	自我评价	小组评价	教师综合评价
感兴趣程度			
任务明确程度			
学习主动性			
工作表现			
协作精神			
时间观念			
任务完成熟练程度			
理论知识掌握程度			
任务完成效果			
文明安全生产			
总评			

学习任务二 KUKA 机器人的手动操纵

知识目标

1. 学会用 KCP 进行机器人的基本操作。

2. 掌握用移动键及 6D 鼠标手动移动机器人的方法。

能力目标

能够使用示教器熟练操作工业机器人实现单轴移动。

任务描述

利用实训室的 KUKA 机器人，完成 KUKA 机器人的手动操纵。

具体的任务要求：

1. 接通控制柜，等待启动阶段结束。

2. 将紧急停止按钮解锁并确认。

3. 确保设置了运行方式 T1。

4. 激活按轴坐标的手动移动。

5. 用手动移动键和 6D 鼠标以不同的手动倍率（HOV）设置按轴坐标手动移动机器人。

6. 按教师要求的不同方向按轴坐标移动机器人。

※ 知识链接

一、选择并设置运行方式

1. KUKA 机器人的运行方式

KUKA 机器人的运行方式共有四种，分别为手动慢速运行（T1）、手动快速运行（T2）、自动运行（AUT）和外部自动进行（AUT EXT）。其功能及说明如表 2-2-1 所示。其中，手动运行时只能采用 T1 或 T2 模式进行调试工作，而调试工作指所有为使机器人系统可进入自动运行模式而必须在其上所执行的工作，其中包括示教、编辑以及在点动运行模式下执行程序的测试或校验等。特别是对于一些新的或者经过更改的程序必须在手动慢速运行方式（T1）下进行测试。

表 2-2-1　KUKA 机器人的运行方式说明

运行方式	应　用	说　明
T1	用于测试运行、编程和示教	程序执行时的最大速度为 250 mm/s； 手动运行时的最大速度为 250 mm/s
T2	用于测试运行	程序执行时的速度等于编程设定的速度。 手动运行：无法进行
AUT	用于不带上级控制系统的工业机器人	程序执行时的速度等于编程设定的速度。 手动运行：无法进行
AUT EXT	用于带上级控制系统（PLC）的工业机器人	程序执行时的速度等于编程设定的速度。 手动运行：无法进行

2. 选择运行方式的步骤

（1）在 KUKA smartPAD 上转动用于连接管理器的钥匙开关，如图 2-2-1 所示。

图 2-2-1　连接管理器的钥匙开关

（2）选择运行方式，如图 2-2-2 所示。

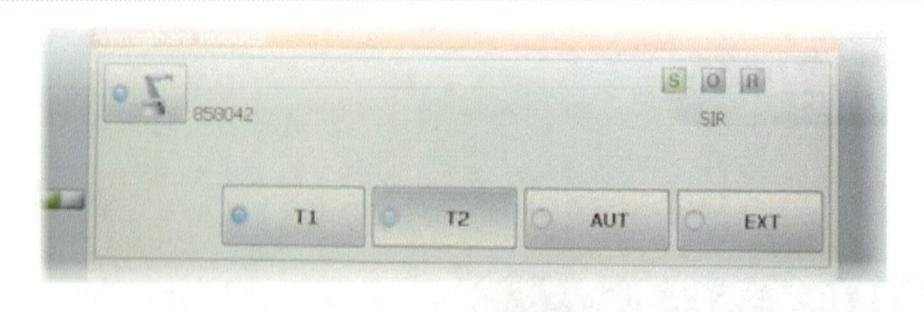

图 2-2-2　KUKA 机器人运行方式

（3）选择完运行方式后，将用于连接管理器的钥匙开关再次转回初始位置。所选的运行方式会显示在 smartPAD 的状态栏中，如图 2-2-3 所示。

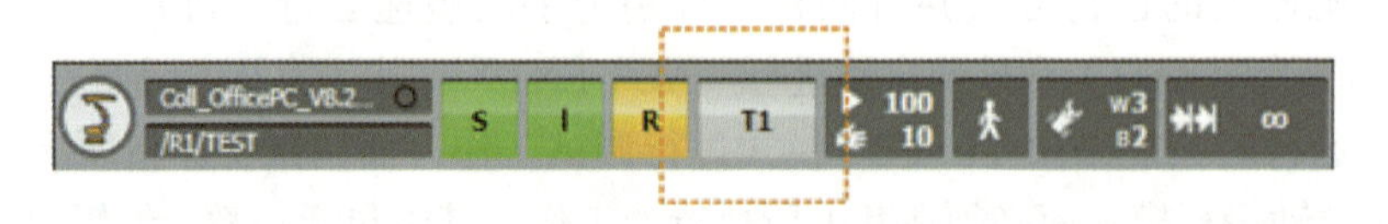

图 2-2-3　运行方式在 smartPAD 的状态栏中的显示

二、单轴运动控制

单轴运动是指在轴坐标系下，机器人各个轴均可实现单独正向或反向运动，KUKA 机器人运动轴的定义如图 2-2-4 所示。

图 2-2-4　KUKA 机器人运动轴的定义

对于单轴运动来说，是仅在 T1 运行模式下才能手动移动的，因此首先要保证机器人是在 T1 运行模式下，然后通过一直常按确认键激活驱动装置。同时只要一按移动键或 3D 鼠标，机器人轴的调节装置便启动，机器人即执行所需的运动。而对于运动，可以是连续

的，也可以是增量式的。

一般情况下，在单轴手动操纵时，可能会出现一些信息提示，其产生的原因及补救措施如表 2-2-2 所示。

表 2-2-2 单轴手动操纵时的信息提示

信息提示	原因	补救措施
“激活的指令被禁”	出现停机（STOP）信息或引起激活的指令被禁的状态（例如：按下了紧急停止按钮或驱动装置尚未就绪）	解锁紧急停止按钮并且要在信息窗口中确认信息提示。按了确认键后可立即使用驱动装置
“ 软件限位开关 –A5”	操纵给定的方向（+ 或 –）移到所显示轴（例如 A5）的软件限位开关处	将显示的轴朝相反方向移动

※ 任务实施

一、接通控制柜，等待启动阶段结束

二、将紧急停止按钮解锁并确认

三、确保设置了运行方式 T1（图 2-2-5）

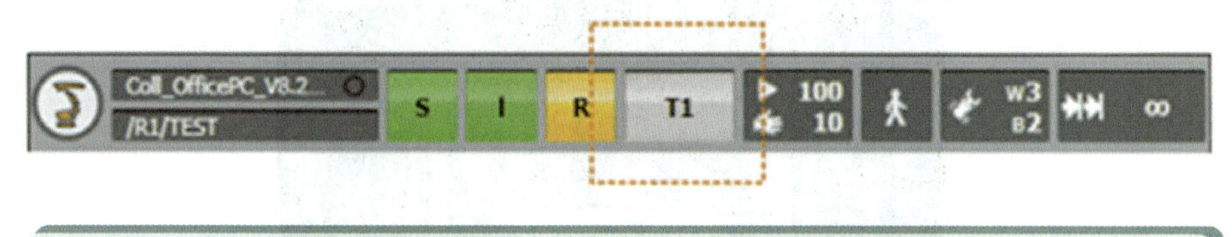

图 2-2-5 设置为 T1 运行模式

四、采用移动键的单轴操纵

（1）选择轴作为移动键的选项，如图 2-2-6 所示。

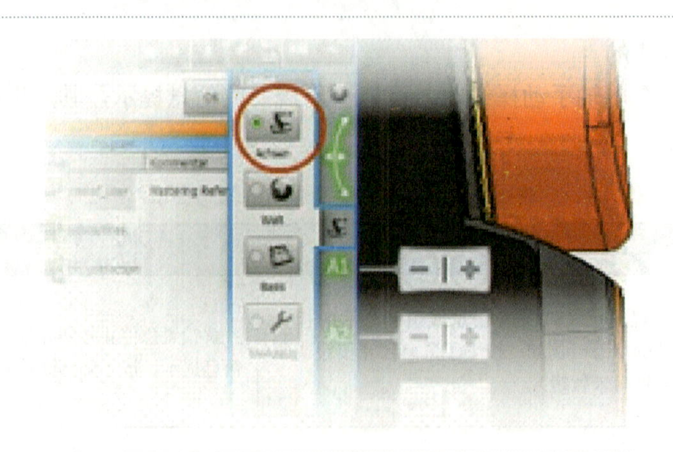

图 2-2-6　选择轴坐标

（2）设置手动倍率，可通过 KUKA smartHMI 进行设置，如图 2-2-7 所示，可通过图中手动调节量的“+、−”号进行设置，也可通过图中的数值框进行调节，另外也可通过 KUKA smartPAD 前面板上的手动倍率按键进行设置。

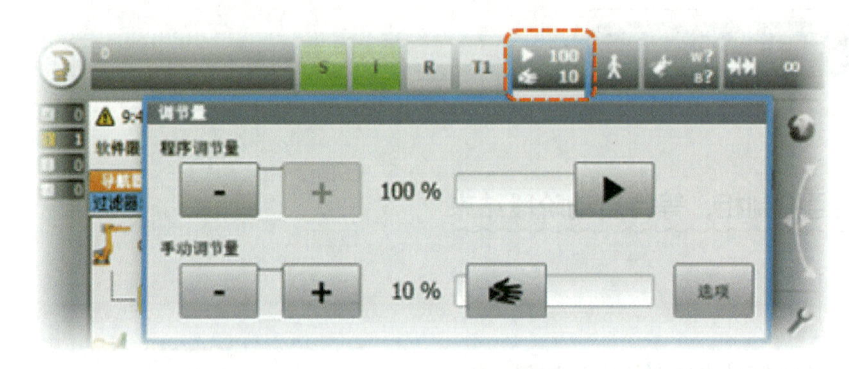

图 2-2-7　设置手动倍率

（3）将确认开关按至中间挡位并保持按住，如图 2-2-8 所示。

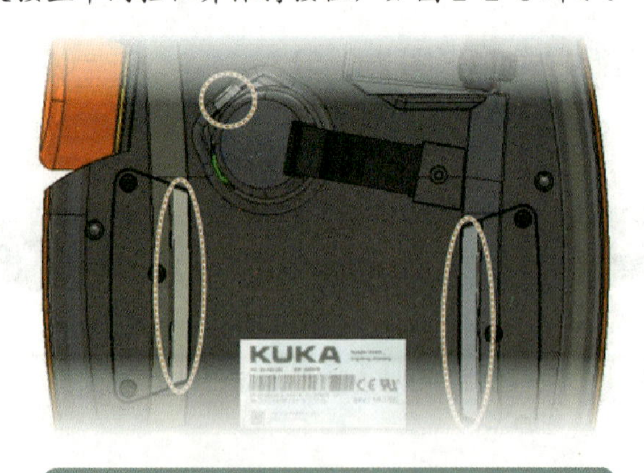

图 2-2-8　确认开关操作

（4）在移动键旁边即显示轴 A1 ～ A6，如图 2-2-9 所示，此时按下正或负移动键，就可以使轴朝正方向或反方向运动。

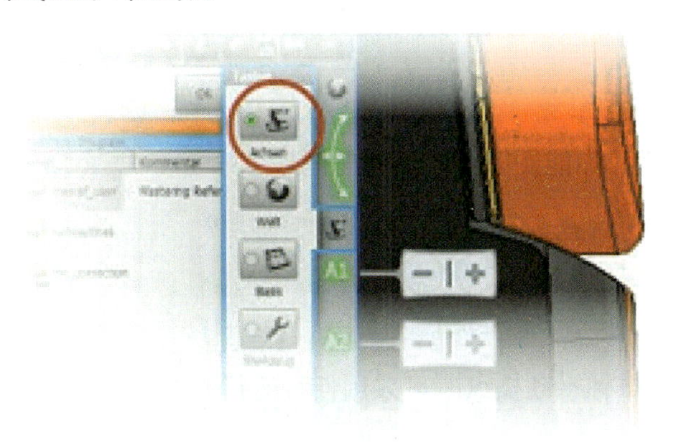

图 2-2-9　移动键操作

五、自行尝试采用 6D 鼠标进行单轴操纵

六、按教师要求的不同方向按轴坐标移动机器人进行考核

※ 课后作业

在任务实施完成后，你能回答出以下问题吗？

1. KUKA 机器人有哪些运行方式？分别如何应用？

2. KUKA 机器人单轴手动操纵时可采用何种运行方式？

3. 哪个图标代表轴坐标？

(a)

(b)

(c)

(d)

4. 手动移动的速度设置叫什么？

成功了吗？　检查了吗？　评价了吗？　反馈了吗？

分值（10 分）评价 / 项目	自我评价	小组评价	教师综合评价
感兴趣程度			
任务明确程度			
学习主动性			
工作表现			
协作精神			
时间观念			
任务完成熟练程度			
理论知识掌握程度			
任务完成效果			
文明安全生产			
总评			

模块三 KUKA 机器人的编程基础

- 学习任务一 KUKA 机器人的基本运动
- 学习任务二 KUKA 机器人的零点标定
- 学习任务三 KUKA 机器人的工具测量
- 学习任务四 KUKA 机器人的基坐标测量

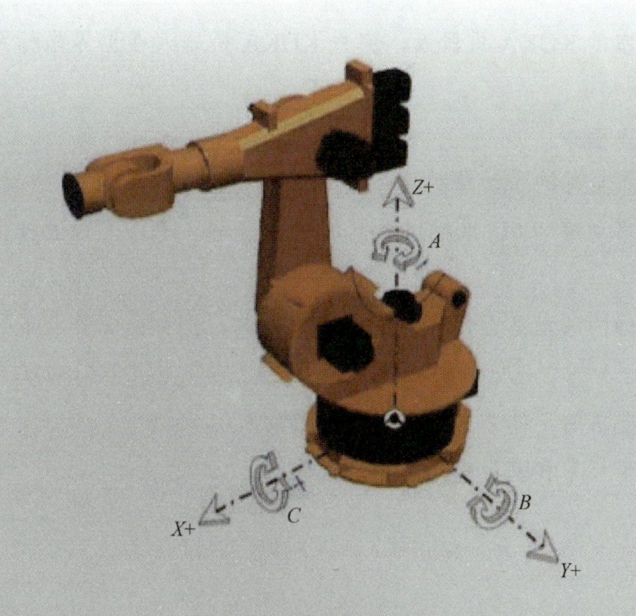

学习任务一 KUKA机器人的基本运动

知识目标

1. 掌握机器人运动轴与坐标系。
2. 掌握手动移动机器人的流程和方法。

能力目标

能够熟练进行机器人坐标系和运动轴的选择。

任务描述

利用实训室的KUKA机器人，完成KUKA机器人在世界坐标系等坐标系下的移动。

具体的任务要求：

1. 激活世界坐标的手动移动。
2. 用手动移动键和6D鼠标以不同的手动倍率（HOV）设置按世界坐标手动移动机器人。
3. 了解各轴的移动范围，注意是否有障碍物，例如：工作台或装有固定工具的方形工具库。
4. 按教师要求的不同方向按世界坐标移动机器人。
5. 在工具坐标系和基坐标系中重复此过程。

※ 知识链接

一、机器人坐标系的种类

机器人坐标系是指为确定机器人的位姿而在机器人或空间上进行的位置指标系统。工业机器人的运动实质是根据不同作业内容、轨迹等要求，在各种坐标系下的运动。也就是说，对机器人进行示教或手动操作时，其运动方式是在不同的坐标系下进行的，因此坐标系具有重要的意义。而 KUKA 机器人常用的坐标系有：轴坐标系、世界坐标系、工具坐标系和基坐标系。

1. 轴坐标系

轴坐标系也称关节坐标系，在轴坐标系下，机器人各轴均可实现单独正向或反向运动。对于大范围运动，且不要求 TCP 姿态的，可选择轴坐标系。由于前面已经讲过，所以不再赘述。

> **提示：** TCP（Tool Centre Point）称为工具中心点，为机器人系统的控制点，出厂时默认位于最后一个运动轴或安装法兰的中心，安装工具后，TCP 将发生变化。为实现精确运动控制，当换装工具或发生工具碰撞时，皆需要进行 TCP 标定。有关如何进行 TCP 标定操作，将在后序课程中进行讲解。

2. 世界坐标系

世界坐标系也称直角坐标系，是机器人示教与编程时经常使用的坐标系之一。世界坐标系的原点定义在机器人安装面与第一转轴的交点处，*X* 轴向前，*Z* 轴向上，*Y* 轴按右手法则确定，如图 3-1-1 所示。当在世界坐标系下使用移动键或者 6D 鼠标进行手动操作时，机器人是多轴协调运动的。而使用世界坐标系的机器人有很多优点，可归纳为：

图 3-1-1　世界坐标系

1）机器人的动作始终可预测。

2）动作始终是唯一的，因为原点和坐标方向始终是已知的。

3）对于经过零点标定的机器人始终可用世界坐标系。

4）可用 6D 鼠标直观操作。

3. 工具坐标系

工具坐标系的原点定义在TCP点，并且假定工具的有效方向为X轴（有些机器人厂商将工具的有效方向定义为Z轴），而Y轴、Z轴由右手法则确定。工具坐标的方向随腕部的移动而发生变化，与机器人的位姿无关。因此，在进行相对于工件不改变工具姿态的平移操作时，选用该坐标系最为适宜，并且要是工具坐标系已知，机器人的运动同样是始终可预测的。在工具坐标系中，TCP点将沿工具坐标的X、Y、Z轴方向运动，如图3-1-2所示。

在工具坐标系中手动移动时，可根据之前所测工具的坐标方向移动机器人。因此，坐标系并非像世界坐标系或基坐标系那样固定不变，而是由机器人引导的。在此过程中，所有需要的机器人轴也会自行移动。哪些轴会自行移动由系统决定，并因运动情况不同而异。其中，KUKA机器人最多可储存16个工具坐标系，变量文件名为TOOL_DATA［1...16］，同样，工具坐标系也是仅在T1运行模式下才能手动移动。

4. 基坐标系

基坐标系是以目标工件或工作台为基准的直角坐标系。为作业示教方便，用户自行定义的坐标系，如工作台坐标系和工件坐标系，且可根据需要定义多个基坐标系，如图3-1-3所示。当机器人配备多个工作台时，选择基坐标系可使操作更为简单，KUKA机器人最多可选择的基坐标系有32个。基坐标系的原点位于用户确定的一个点上，在基坐标系中TCP点沿用户自定义的坐标轴方向运动，同样，基坐标系也是仅在T1运行模式下才能手动移动。

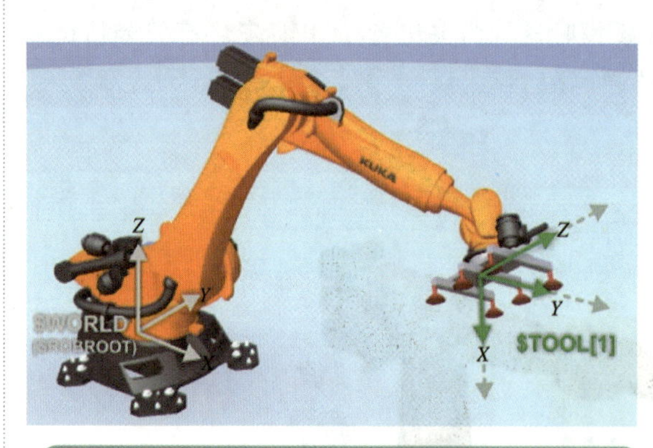

图3-1-2　工具坐标系

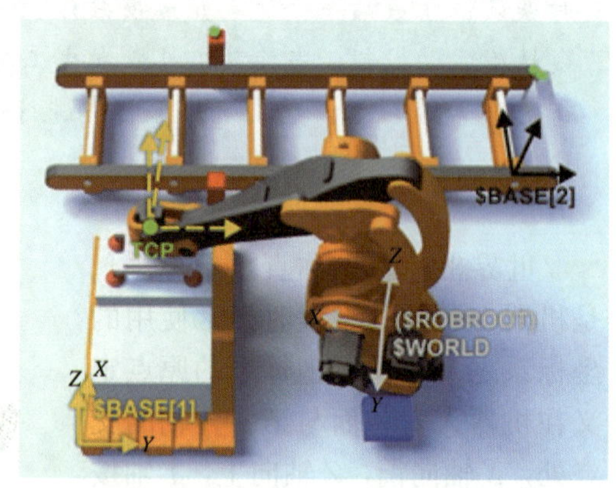

图3-1-3　基坐标系

※ 任务实施

一、在世界坐标系中移动机器人

（1）通过移动滑动调节器来调节KCP的位置，如图3-1-4所示。

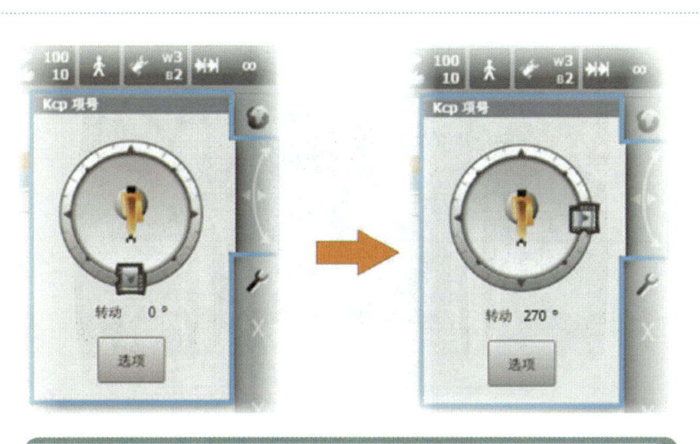

图 3-1-4　滑动调节器

（2）选择世界坐标系作为 6D 鼠标的选项，如图 3-1-5 所示。

图 3-1-5　6D 鼠标选择坐标系

（3）设置手动倍率，如图 3-1-6 所示。

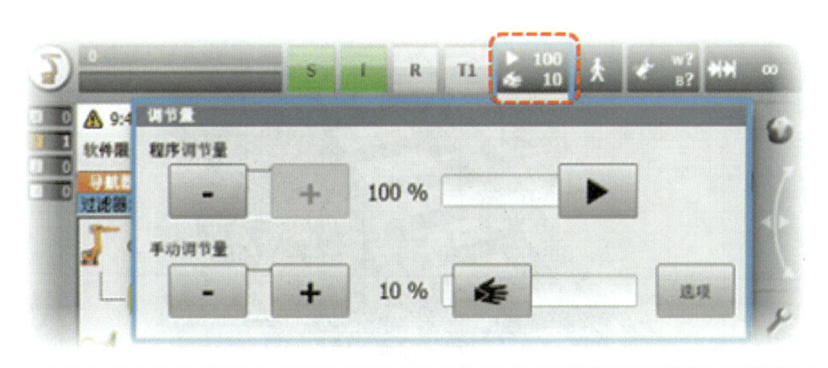

图 3-1-6　设置手动倍率

（4）将确认开关按至中间挡位并按住，如图 3-1-7 所示。

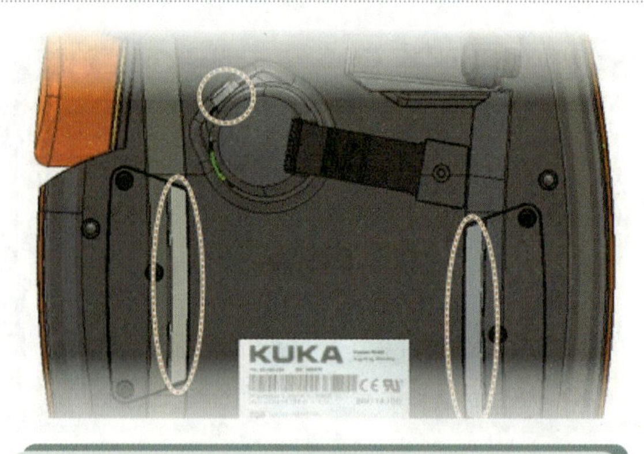

图 3-1-7　确认开关操作

（5）用 6D 鼠标将机器人朝所需方向移动，如图 3-1-8 所示。

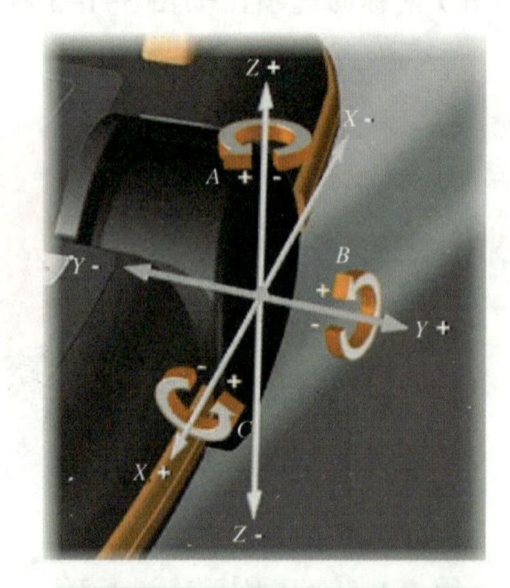

图 3-1-8　6D 鼠标操作

（6）此外也可使用移动键，如图 3-1-9 所示。

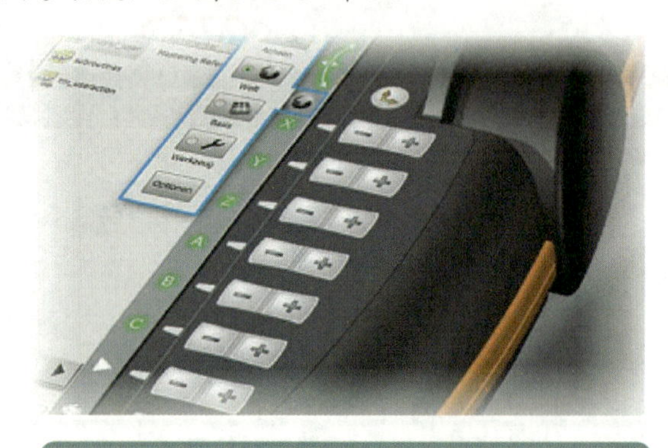

图 3-1-9　移动键操作

二、在工具坐标系中移动机器人

（1）选择工具作为所用的坐标系，如图 3-1-10 所示。

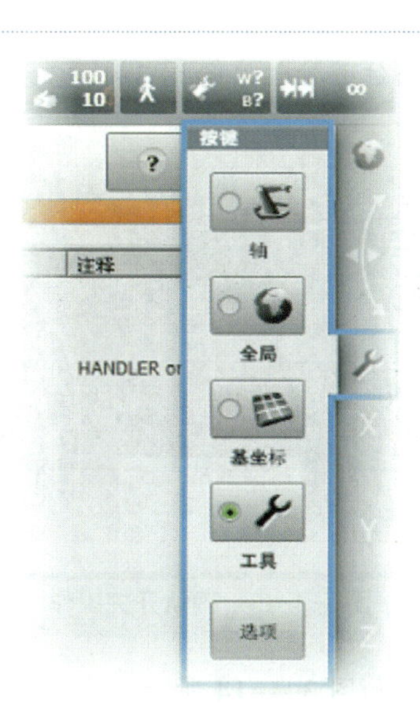

图 3-1-10　移动键选择坐标系

（2）选择工具编号，如图 3-1-11 所示。

图 3-1-11　选择工具编号

（3）设置手动倍率，如图 3-1-12 所示。

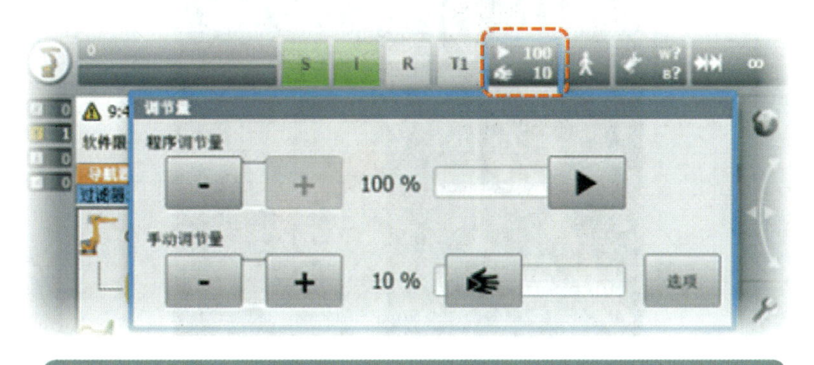

图 3-1-12　设置手动倍率

（4）将确认开关按至中间挡位并按住，如图 3-1-13 所示。

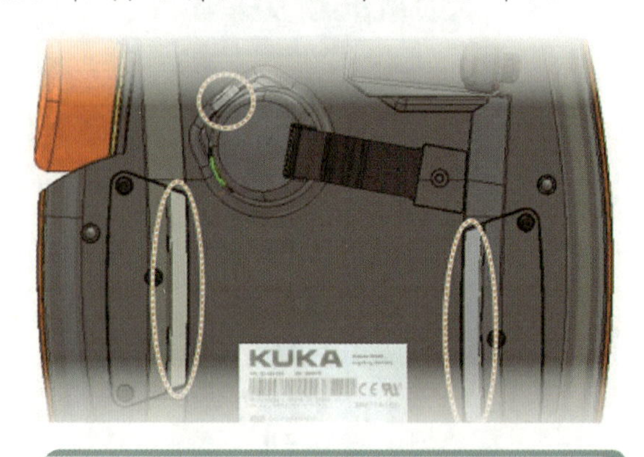

图 3-1-13　确认开关操作

（5）用移动键移动机器人，如图 3-1-14 所示。

图 3-1-14　移动键操作

（6）或者：用 6D 鼠标将机器人朝所需方向移动，如图 3-1-15 所示。

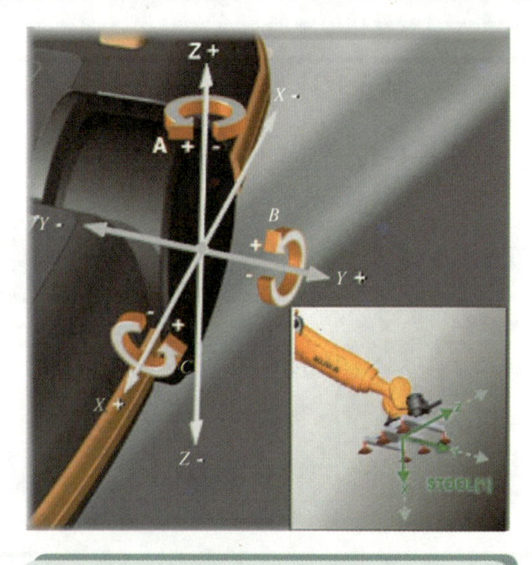

图 3-1-15　6D 鼠标操作

三、在基坐标系中移动机器人

（1）选择基坐标作为所用的坐标系，如图 3-1-16 所示。

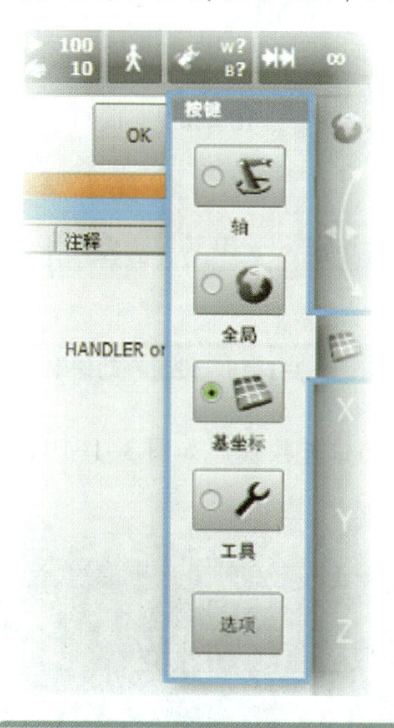

图 3-1-16　移动键选择坐标系

（2）选择工具坐标和基坐标，如图 3-1-17 所示。

图 3-1-17　选择工具坐标和基坐标

（3）设置手动倍率，如图 3-1-18 所示。

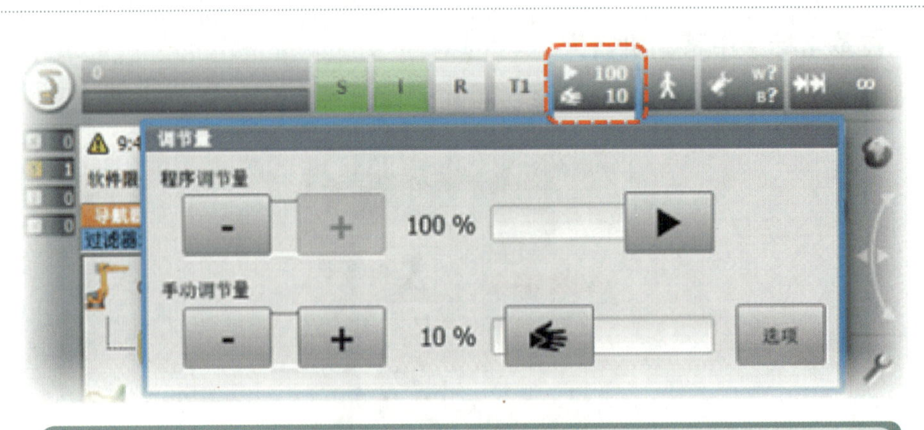

图 3-1-18　设置手动倍率

（4）将确认开关按至中间挡位并按住，如图 3-1-19 所示。

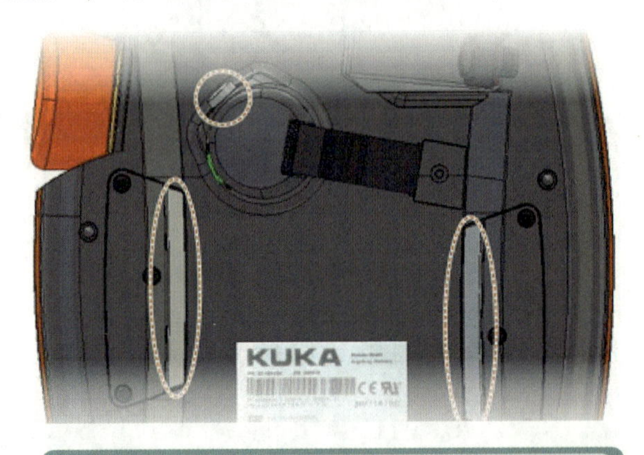

图 3-1-19　确认开关操作

（5）用移动键移动机器人，如图 3-1-20 所示。

图 3-1-20　移动键操作

（6）或者：用 6D 鼠标将机器人朝所需方向移动，如图 3-1-21 所示。

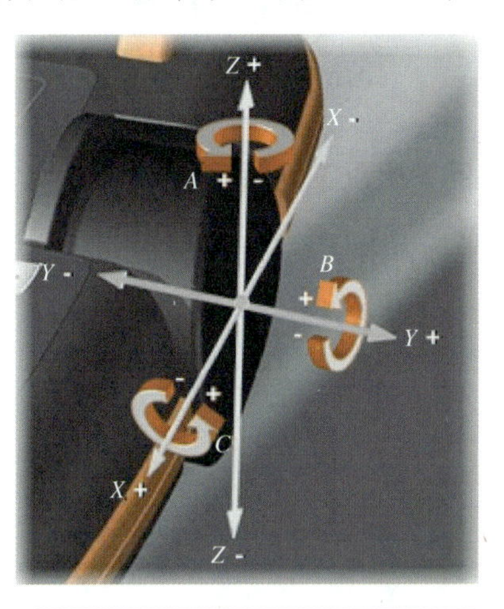

图 3-1-21　6D 鼠标操作

※ 课后作业

在任务实施完成后，你能回答出以下问题吗？

1. KUKA 机器人常用的坐标系有哪几种?

2. 哪个图标代表世界坐标?

(a)

(b)

(c)

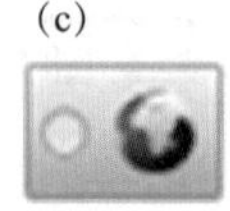

(d)

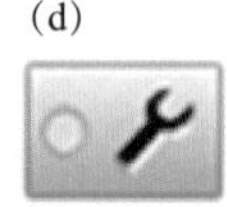

3. 各种坐标系都应在哪种运行模式下才能手动移动?

4. KUKA 机器人最多能存储多少个工具坐标系?

5. 什么是 TCP？

成功了吗？　检查了吗？　评价了吗？　反馈了吗？

分值（10 分）评价 项目	自我评价	小组评价	教师综合评价
感兴趣程度			
任务明确程度			
学习主动性			
工作表现			
协作精神			
时间观念			
任务完成熟练程度			
理论知识掌握程度			
任务完成效果			
文明安全生产			
总评			

学习任务二 KUKA 机器人的零点标定

知识目标

1. 学会选择正确的零点标定方式。
2. 掌握“电子控制仪”（EMD）的使用。

能力目标

能借助 EMD 给所有轴标定零点。

任务描述

利用实训室的 KUKA 机器人，根据任务要求对 KUKA 机器人进行零点标定。

具体的任务要求：

1．删除所有机器人轴的零点。
2．将所有机器人轴按轴坐标方式移动到预零点标定位置。
3．通过 EMD 对所有轴进行带偏量的负载零点标定。
4．按轴坐标显示实际位置。

※ 知识链接

一、零点标定的原理

机器人的零点标定是需要将机器人轴的机械位置和电气位置保持一致，使每一个轴都有一个唯一的角度值，从而使机器人能够达到它最高的点精度和轨迹精度或者完全能够以编程设定的动作运动。因此，只有在工业机器人充分和正确标定零点时，它的使用效果才会最好。

如果机器人轴未经零点标定，则会严重限制机器人的功能，出现以下情况：

- 无法编程运行：不能沿编程设定的点运行。
- 无法在手动运行模式下手动平移：不能在坐标系中移动。
- 软件限位开关关闭。

提示：对于删除零点的机器人，软限位开关是关闭的。机器人可能会驶向终端止挡上的缓冲器，由此可能使缓冲器受损，以致必须更换。所以尽可能不运行删除零点的机器人。在本任务中，要删除所有机器人轴的零点，所以一定要在有老师在一旁指导时才可以运行机器人，且尽量要减小手动倍率。

KUKA 机器人在首次投入运行时须进行零点标定。此外，在对参与定位值感应测量的部件采取了维护措施之后或对机器人关节轴进行更换齿轮箱、碰撞后机械修理之后，或未用控制器使机器人关节轴发生移动后机器人重新投入运行时也应检查零点标定，如有问题，重新标定各轴零点，其过程如图 3-2-1 所示。

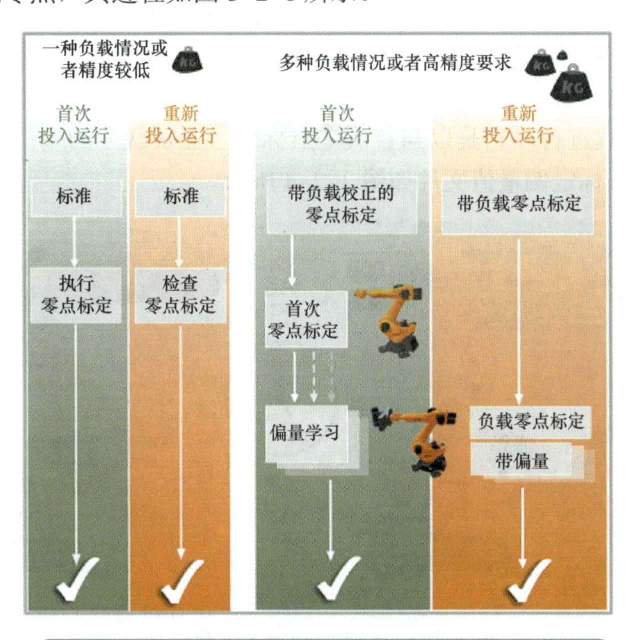

图 3-2-1　零点标定过程

为了让机器人能够精确到达机械零点，需要使用机器人轴零点校正工具：EMD（Electronic Mastering Device，电子控制仪）或千分表，如图 3-2-2 所示。其中，使用 EMD 零点校正，机器人各轴会自动移动至机械零位，而要使用千分表，则必须在轴坐标系运动模式下，手动移动各轴至机械零位。

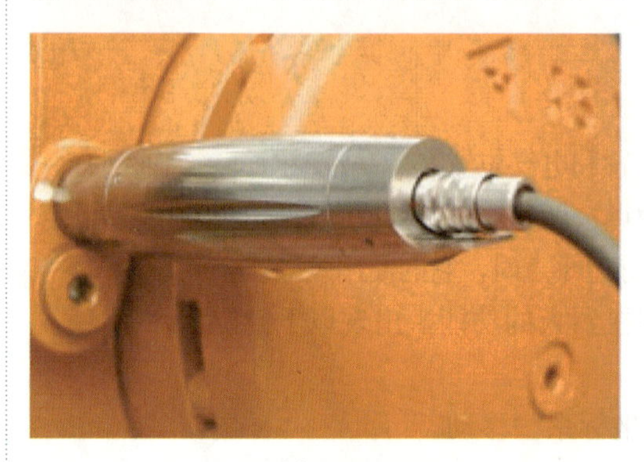

(a) EMD

(b) 千分表

图 3-2-2　KUKA 机器人轴零点校正工具

二、关于偏量学习

在机器人首次投入运行时，必须要进行首次零点标定，而首次零点标定是在不安装工具和附加负载时才执行的标定。当机器人承受额外负载，如固定在法兰处的工具质量，机器人承受着静态载荷。由于部件和齿轮箱上材料固有的弹性，未承载的机器人与承载的机器人相比其位置会有所区别。这些相当于几个增量的区别将影响到机器人的精确度。

如果机器人以各种不同负载工作，则必须对每个负载都进行“偏量学习”。对于抓取沉重部件的抓爪来说，则必须对抓爪分别在不带构件和带构件时进行“偏量学习”。因此，“偏量学习”带负载进行，它是以与首次零点标定（无负载）的差值被储存的，原理如图 3-2-3 所示，零点标定偏量值文件如图 3-2-4 所示。

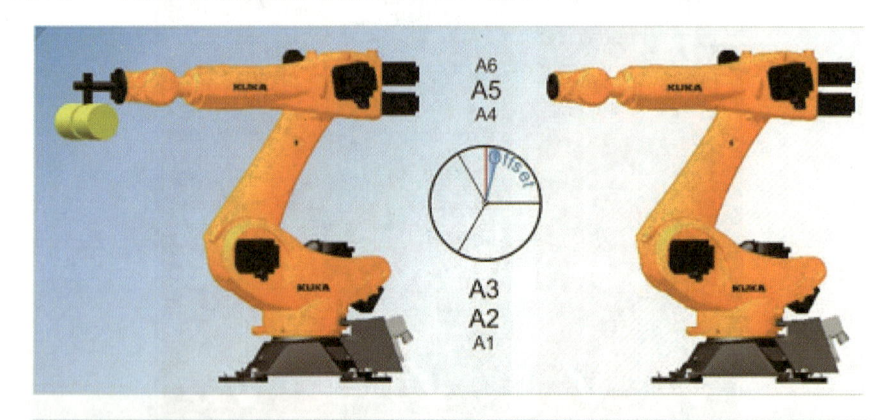

图 3-2-3　KUKA 机器人偏量学习

Mastery.logMastery.log 零点标定偏量值文件
测定的偏移量保存在文件 **Mastery.log** 中。该文件位于硬盘的目录 C:\KRC\ROBOTER\LOG 下并含有特殊零点标定数据：

- 时间戳记（日期，时间）
- 轴
- 机器人的系列号
- 工具编号
- 用度表示的偏量值（*Encoder Difference*）
- **Mastery.log 举例：**

```
Date: 22.03.11  Time: 10:07:10
Axis 1  Serialno.: 863334  Tool Teaching for Tool No 5
(Encoder Difference: -0.001209)
Date: 22.03.11  Time: 10:08:44
Axis 2  Serialno.: 863334  Tool Teaching for Tool No 5
Encoder Difference: 0.005954)
...
```

图 3-2-4　KUKA 机器人零点标定偏量值文件

只有经带负载校正而标定零点的机器人才具有所要求的高精确度，因此必须针对每种负荷情况进行偏量学习。前提条件是：工具的几何测量已完成，因此已分配了一个工具编号。

※ 任务实施

一、将所有机器人轴按轴坐标方式移动到预零点标定位置（图 3-2-5）

（a）轴不在预零点标定位置

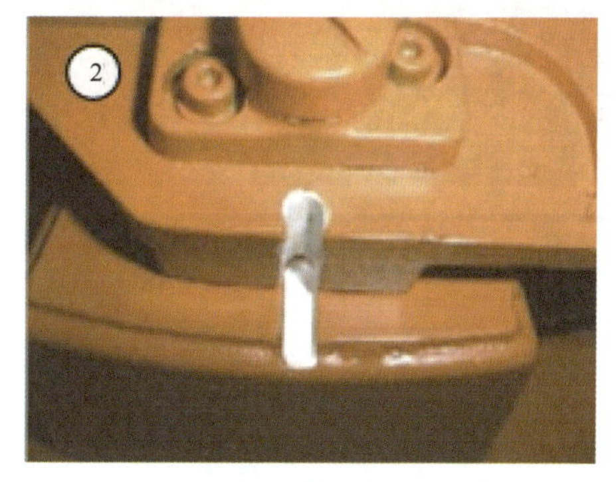

（b）轴在预零点标定位置

图 3-2-5　KUKA 机器人预零点标定位置

二、将 EMD 正确连接至机器人

翻转过来的 EMD 可用作螺丝刀，从待标定的轴上取下测量筒的防护盖，如图 3-2-6 所示。将 EMD 拧到测量筒上，如图 3-2-7 所示。

图 3-2-6　用 EMD 取测量筒的防护盖

图 3-2-7　已将 EMD 拧到测量筒上

然后将测量导线连到 EMD 上，如图 3-2-8 所示，并连接到机器人接线盒的接口 X32 上，如图 3-2-9 所示。

图 3-2-8　将测量导线连到 EMD

图 3-2-9　将测量导线连接到机器人接线盒的接口 X32

提示：一定要先将 EMD 不带测量导线拧到测量筒上，然后才可将测量导线接到 EMD 上，否则测量导线很容易被损坏。同样，在拆除 EMD 时必须先拆下测量导线，然后再将 EMD 从测量筒上拆下来。

在零点标定后，应将测量导线从机器人接口 X32 上取下，否则会出现干扰信号或导致损坏。

三、通过投入运行菜单进行零点标定

1. 首次零点标定的操作步骤

（1）将机器人移到预零点标定位置，如图 3-2-10 所示。

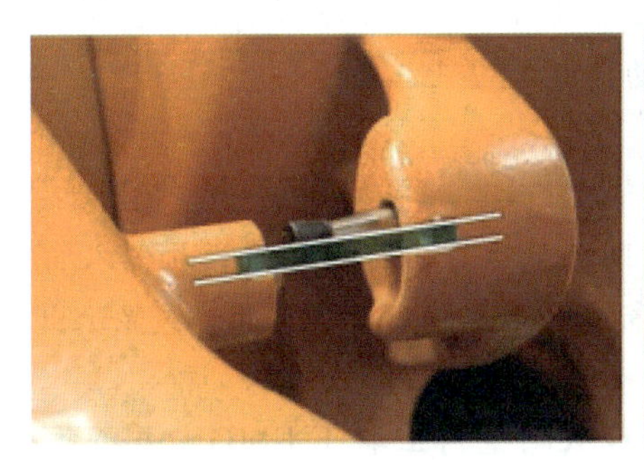
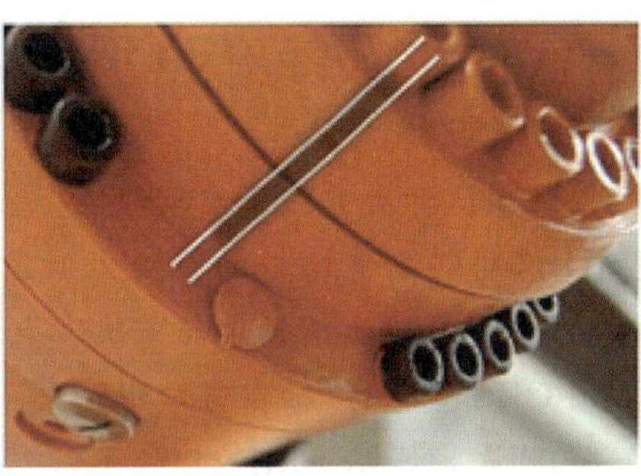

图 3-2-10　预零点标定位置示例

（2）在主菜单中选择投入运行 > 零点标定 > EMD > 带负载校正 > 首次零点标定。一个窗口自动打开。所有待零点标定的轴都显示出来。编号最小的轴已被选定。

（3）将 EMD 正确连接至机器人。

（4）点击零点标定。

（5）将确认开关按至中间挡位并按住，然后按下并按住启动键，如图 3-2-11 所示。

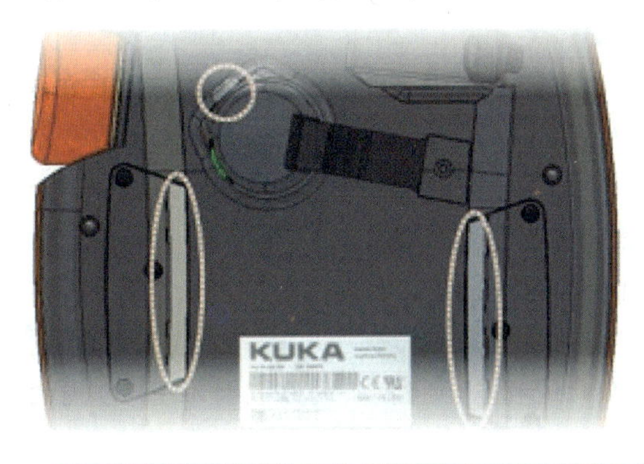

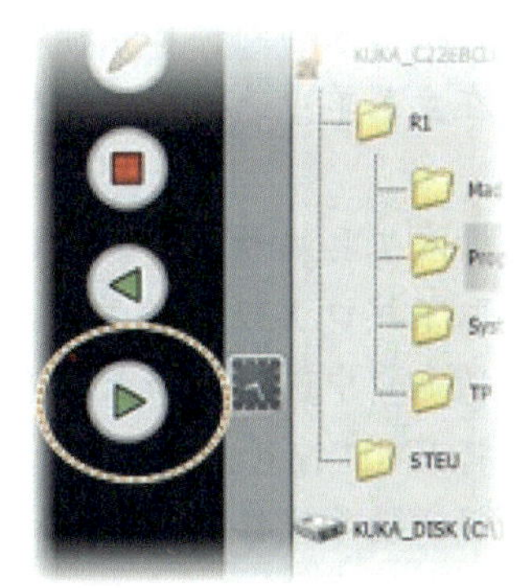

图 3-2-11　确认键和启动键

如果 EMD 通过了测量切口的最低点，则已到达零点标定位置。机器人自动停止运行，数值被储存。该轴在窗口中消失。

（6）将测量导线从 EMD 上取下。然后从测量筒上取下 EMD，并将防护盖重新装好。

（7）对所有待零点标定的轴重复步骤（2）～（5）。

（8）关闭窗口。

（9）将测量导线从接口 X32 上取下。

2. 偏量学习操作步骤

进行带负载的“偏量学习”。与首次零点标定的差值被储存。

（1）将机器人置于预零点标定位置

（2）在主菜单中选择投入运行 > 零点标定 > EMD > 带负载校正 > 偏量学习。

（3）输入工具编号。用工具 OK 确认。随即打开一个窗口。所有工具尚未学习的轴都显示出来。编号最小的轴已被选定。

（4）从窗口中选定的轴上取下测量筒的防护盖。将 EMD 拧到测量筒上。然后将测量导线连到 EMD 上，并连接到底座接线盒的接口 X32 上。

（5）按下学习键。

（6）按住确认开关并按下启动键。

当 EMD 识别到测量切口的最低点时，则已到达零点标定位置。机器人自动停止运行。随即打开一个窗口。该轴上与首次零点标定的偏差以增量和度的形式显示出来。

（7）用 OK 键确认该轴在窗口中消失。

（8）将测量导线从 EMD 上取下。然后从测量筒上取下 EMD，并将防护盖重新装好。

（9）对所有待零点标定的轴重复步骤（3）～（7）。

（10）将测量导线从接口 X32 上取下。

（11）用关闭键来关闭窗口。

3. 带偏量的负载零点标定检查 / 设置的操作步骤

带偏量的负载零点标定在有负载的情况下进行。计算首次零点标定量。

（1）将机器人移到预零点标定位置。

（2）在主菜单中选择投入运行 > 零点标定 > EMD > 带负载校正 > 负载零点标定 > 带偏量。

（3）输入工具编号。用工具 OK 确认。

（4）取下接口 X32 上的盖子，然后将测量导线接上。

（5）从窗口中选定的轴上取下测量筒的防护盖。

（6）将 EMD 拧到测量筒上。

（7）将测量导线接到 EMD 上。在此过程中，将插头的红点对准 EMD 内的槽口。

（8）按下检查键。

（9）按住确认开关并按下启动键。

（10）需要时，使用“保存”来储存这些数值。旧的零点标定值因而被删除。如果要恢复丢失的首次零点标定，必须保存这些数值。

（11）将测量导线从 EMD 上取下。然后从测量筒上取下 EMD，并将防护盖重新装好。

（12）对所有待零点标定的轴重复步骤（4）～（10）。

（13）关闭窗口。

（14）将测量导线从接口 X32 上取下。

※ 课后作业

在任务实施完成后，你能回答出以下问题吗？

1. 零点标定的目的是什么?

2. 删除机器人零点时必须注意些什么?

3. 请给出机械零位时的所有 6 根轴的角度。

A1：________________　　A2：________________

A3：________________　　A4：________________

A5：________________　　A6：________________

4. 拧入 EMD（千分表）后手动移动机器人会有哪些危险?

成功了吗？　检查了吗？　评价了吗？　反馈了吗？

分值（10分）评价 / 项目	自我评价	小组评价	教师综合评价
感兴趣程度			
任务明确程度			
学习主动性			
工作表现			
协作精神			
时间观念			
任务完成熟练程度			
理论知识掌握程度			
任务完成效果			
文明安全生产			
总评			

学习任务三 KUKA机器人的工具测量

知识目标

1. 了解什么是TCP。
2. 掌握用XYZ 4点法和ABC世界坐标系法测量工具的方法。

能力目标

能够熟练激活一个测定的工具，可以实现将工具围绕工具中心点（TCP）改变姿态。

任务描述

公司新引进了几台KUKA机器人，由于是新引进的，加装外部工具后，需要对其进行工具测量，请你帮助完成此任务。

具体的任务要求：

1. 用XYZ 4点法测量尖触头的TCP。使用示教锥作为参照顶尖。工具编号1～16自选并指定名称为学生姓名的首字母。误差不得大于0.90 mm。并且要求对误差值进行记录。
2. 保存工具数据。
3. 采用ABC世界坐标系5D法测量工具姿态。
4. 保存TOOL（工具坐标）数据，并在工具坐标系中测试尖触头的移动。

※ 知识链接

一、机器人上的负载

KUKA 机器人上的负载包括机器人上的附加负载和工具负载，附加负载是在基座、小臂或大臂上附加安装的部件，如供能系统、阀门、上料系统、材料储备等。而工具负载是指所有装在机器人法兰盘上的负载，如安装的焊枪、焊钳、抓手、吸盘等工具。

1. 设定了机器人负载后有以下优点

（1）提高机器人的精度，有利于轨迹规划。
（2）可以使运动过程具有最佳的节拍时间。
（3）可以提高机器人的使用寿命，减少磨损。

2. 负载数据的来源

负载数据的主要可能来源为：
（1）KUKA.LoadDetect 软件选项（仅用于负载）。
（2）厂商数据。
（3）人工计算。
（4）CAD 程序。

3. 工具负载数据的设定步骤

（1）选择主菜单投入运行 > 测量 > 工具 > 工具负载数据。
（2）在工具编号栏中输入工具的编号，用继续键确认。
（3）输入负载数据：
• M 栏：质量。
• X、Y、Z 栏：相对于法兰的重心位置。
• A、B、C 栏：主惯性轴相对于法兰的取向。
• JX、JY、JZ 栏：惯性矩（JX 是坐标系统 *X* 轴的惯性，该坐标系通过 *A*、*B* 和 *C* 相对于法兰转过一定角度。以此类推，JY 和 JZ 是指绕 *Y* 轴和 *Z* 轴的惯性）。
（4）用继续键确认。
（5）按下保存键。

二、工具测量

工业机器人使用的途径就是要装上工具（TOOL）来操作对象，测量工具意味着生成一个以工具参照点为原点的坐标系。该参照点被称为 TCP（Tool Center Point，即工具中心点），该坐标系即为工具坐标系。在机器人轨迹编程时，就是将工具在另外定义的工作坐标系中的若干位置 X/Y/Z 和姿态 Rx/Ry/Rz 记录在程序中。当程序执行时，机器人就会把 TCP 点移动到这些编程的位置。

1. 工具测量的优点

一个工具已精确测定，在实践中对操作和编程人员就会具有以下优点：

（1）工具测定后即给工具的连续运动、旋转、运动方向等提供了原点参考，如图 3-3-1 所示。

图 3-3-1 原点参考作用

（2）工具测定后工具可以沿着 TCP 旋转改变姿态，如图 3-3-2 所示。

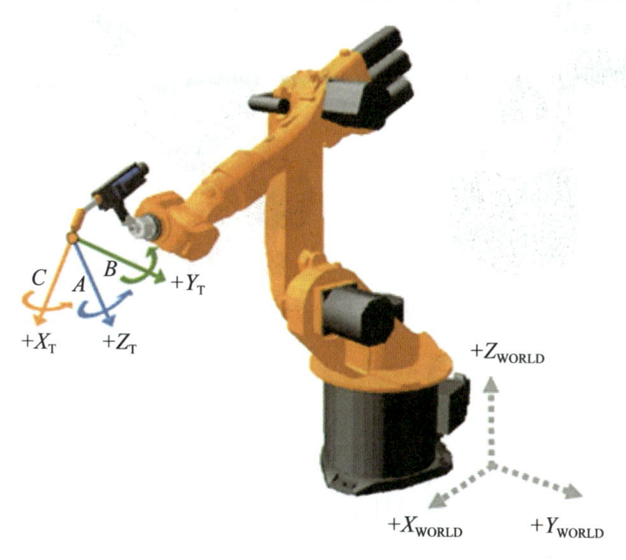

图 3-3-2 绕 TCP 改变姿态

（3）这个 TCP 可以围绕工具任何位置旋转，而不改变 TCP 的位置，如图 3-3-3 所示。

（4）机器人可以沿着工具方向做直线运动，如图 3-3-4 所示。

（5）当支架与机器人世界坐标系不一致时，为了取出里面的工件，当使用世界坐标系时，不得不多次调整机器人动作，当工具测定后，可以轻松地指挥机器人沿着工具方向前进，如图 3-3-5 所示。

（6）沿着 TCP 上的轨迹保持已编程的运行速度，如图 3-3-6 所示。

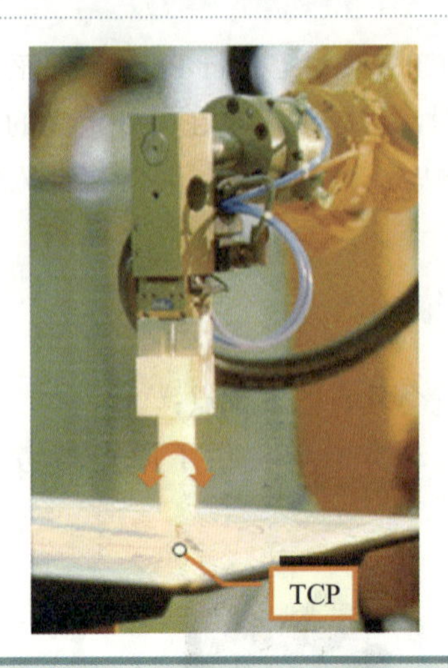

图 3-3-3 围绕工具任何位置旋转

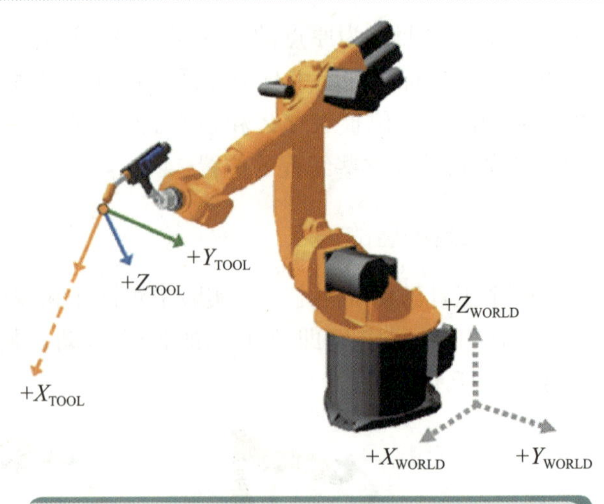

图 3-3-4 作业方向 TCP

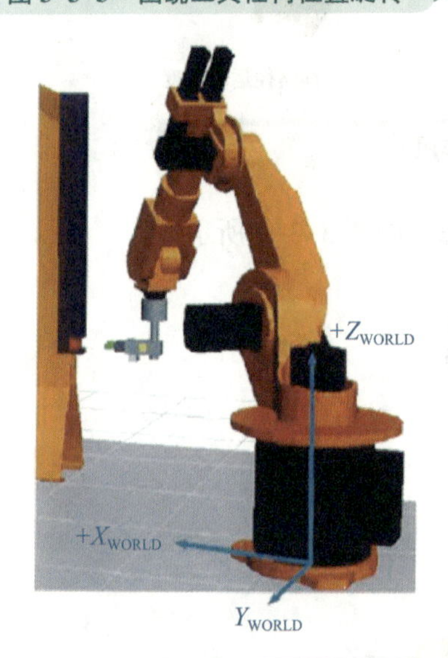

图 3-3-5 取支架内工件

图 3-3-6 带 TCP 编程的模式

2. 工具测量的设定

工具测量分为两步：一是确定工具坐标系的原点，即 TCP 点；二是确定工具坐标系的姿态。工具设定步骤如表 3-3-1 所示。

表 3-3-1 工具测量设定步骤

步　骤	说　明
1	确定工具坐标系的原点 可选择以下方法： ▲ XYZ 4 点法 ▲ XYZ 参照法
2	确定工具坐标系的姿态 可选择以下方法： ▲ ABC 世界坐标法 ▲ ABC 2 点法

※ 任务实施

一、TCP 的测量

TCP 的测量有两种途径：一种是找个固定的参考点进行示教；另一种则是已知工具的各参数，就可以得到相对于法兰中心点的 X、Y、Z 的偏移量，相对于法兰坐标系转角（角度 A、B、C），同样也能得到精确的 TCP。

1. XYZ 4 点法

XYZ 4 点法的原理：将待测量工具的 TCP 从 4 个不同方向移向任意选择的一个参照点。机器人控制系统从不同的法兰位置计算出 TCP。其中，要求这 4 个方向必须有一定的间隔，且不能在同一平面上，如图 3-3-7 所示。

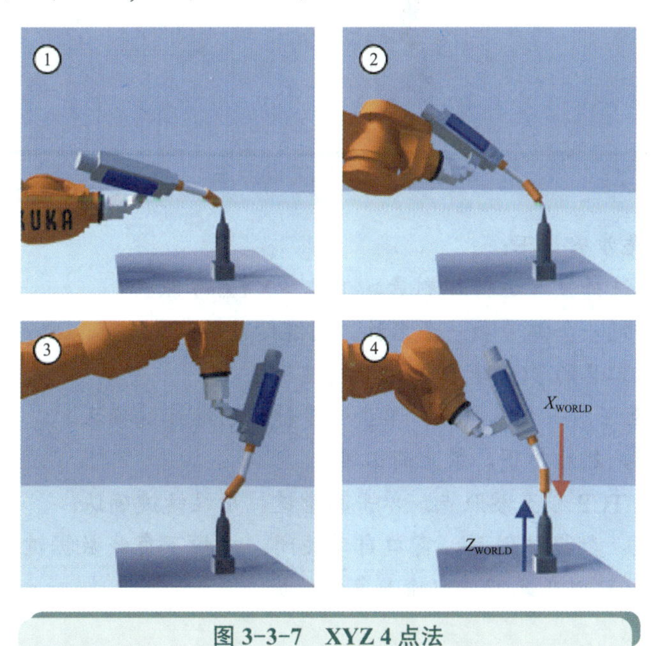

图 3-3-7　XYZ 4 点法

其具体操作实施步骤如下：

1）选择菜单序列投入运行 > 测量 > 工具 > XYZ 4 点。

2）为待测量的工具给定一个号码和一个名称。用继续键确认。

3）用 TCP 移至任意一个参照点。按下测量键，出现对话框“是否应用当前位置？继续测量”，选择“是”进行确认。

4）用 TCP 从一个其他方向移向参照点。重新按下测量键，再用“是”回答对话框提问。

5）把第（4）步重复两次。

6）此时负载数据输入窗口会自动打开。正确输入负载数据，然后按下继续键。

7）包含测得的 TCP 点 *X*、*Y*、*Z* 值的窗口自动打开，测量精度可在误差项中读取。数据可通过保存键直接保存。

2. XYZ 参照法

采用 XYZ 参照法时，将对一件新工具与一件已测量过的工具进行比较测量。机器人控制系统比较法兰位置，并对新工具的 TCP 进行计算，如图 3-3-8 所示。其中采用 XYZ 参照法的前提条件是：在连接法兰上装有一个已测量过的工具，并且 TCP 的数据已知。

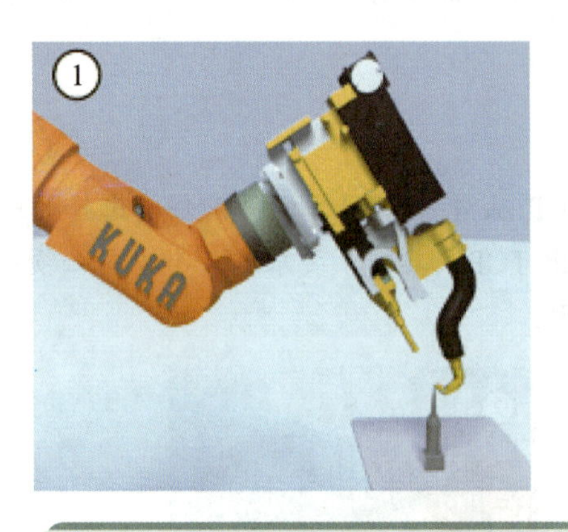

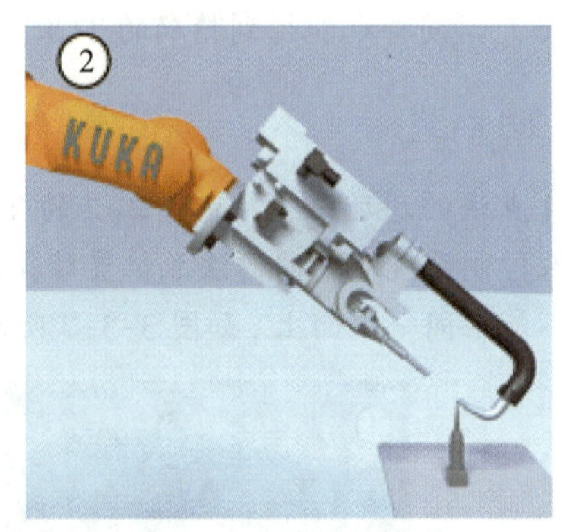

图 3-3-8 XYZ 参照法

其具体操作实施步骤如下：

1）在主菜单中选择投入运行 > 测量 > 工具 > XYZ 参照。

2）为新工具指定一个编号和一个名称。用继续键确认。

3）输入已测量工具的 TCP 数据。用继续键确认。

4）用 TCP 移至任意一个参照点。单击测量键。用继续键确认。

5）将工具撤回，然后拆下。装上新工具。

6）将新工具的 TCP 移至参照点。单击测量键。用继续键确认。

7）按下保存键。数据被保存，窗口自动关闭。或按下负载数据键。数据被保存，一个窗口将自动打开，可以在此窗口中输入负载数据。

二、工具坐标系的姿态 / 朝向的测量

测量工具坐标系的姿态 / 朝向的方法有两种：一种为 ABC 世界坐标系法，另一种为 ABC 2 点法。

1. ABC 世界坐标系法

ABC 世界坐标系法是将 TOOL 坐标系的轴调整为与世界坐标系的轴平行。机器人控制系统从而得知 TOOL 坐标系的姿态和取向，如图 3-3-9 所示。

此方法有两种方式：

5D：只将工具的作业方向告知机器人控制器。该作业方向默认为 *X* 轴。其他轴的方向由系统确定，对于用户来说不是很容易识别。

应用范围：如 MIG/MAG 焊接、激光切割或水射流切割。

6D：将所有 3 个轴的方向均告知机器人控制系统。

应用范围：如焊钳、抓爪或粘胶喷嘴。

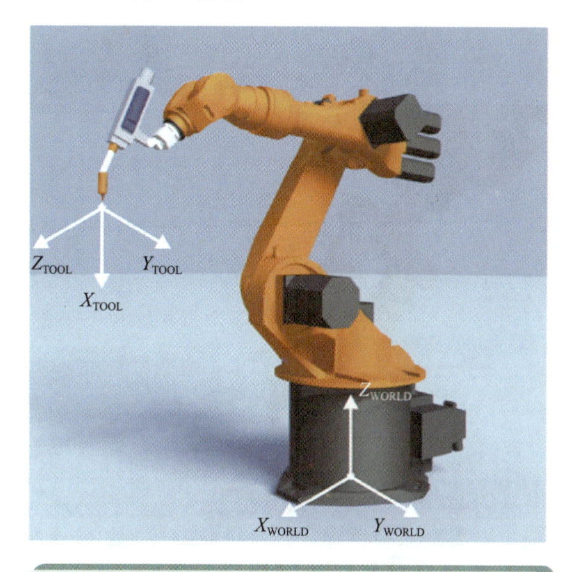

图 3-3-9 ABC 世界坐标系法

其具体操作实施步骤如下：

1）在主菜单中选择投入运行 > 测量 > 工具 > ABC 世界坐标。

2）输入工具的编号。用继续键确认。

3）在 5D/6D 栏中选择一种方式。用继续键确认。

4）如果选择了 5D：

将 $+X_{TOOL}$ 调整至平行于 $-Z_{WORLD}$ 的方向。（$+X_{TOOL}$= 作业方向）

如果选择了 6D：

将 $+X_{TOOL}$ 调整至平行于 $-Z_{WORLD}$ 的方向。（$+X_{TOOL}$= 作业方向）

将 $+Y_{TOOL}$ 调整至平行于 $+Y_{WORLD}$ 的方向。

将 $+Z_{TOOL}$ 调整至平行于 $+X_{WORLD}$ 的方向。

5）用测量键来确认。出现对话框“是否应用当前位置？测量将继续”，选择“是”进行确认。

6）随即打开另一个窗口。在此输入负荷数据。

7）然后用继续键和保存键结束此过程。

8）关闭菜单。

2. ABC 2 点法

ABC 2 点法是通过趋近 X 轴上一个点和 XY 平面上一个点的方法，机器人控制系统即可得知工具坐标系的各轴。当轴方向必须特别精确地确定时，将使用此方法。使用此方法的前提条件是，TCP 已通过 XYZ 法测定，如图 3-3-10 所示。

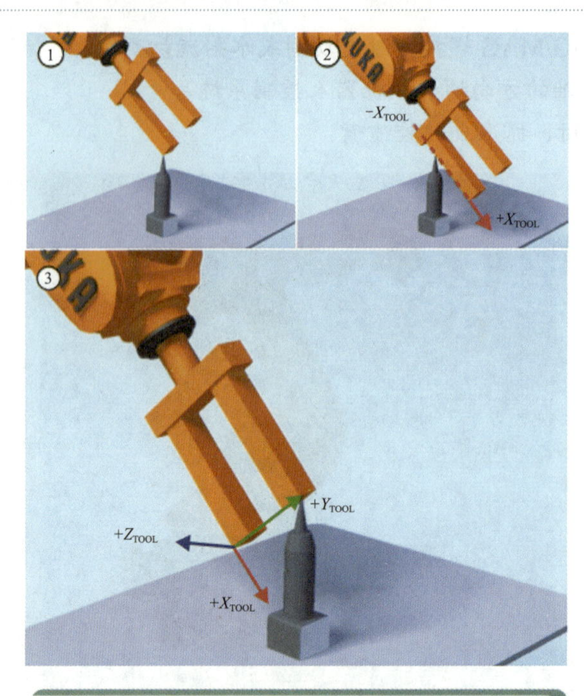

图 3-3-10　ABC 2 点法

其具体操作实施步骤如下：

1）在主菜单中选择投入运行 > 测量 > 工具 > ABC 2 点。

2）输入已安装工具的编号。用继续键确认。

3）用 TCP 移至任意一个参照点。单击测量键。用继续键确认。

4）移动工具，使参照点在 *X* 轴上与一个为负 *X* 值的点重合（即与作业方向相反）。单击测量键。用继续键确认。

5）移动工具，使参照点在 *XY* 平面上与一个在正 *Y* 向上的点重合。单击测量键。用继续键确认。

6）按保存键。数据被保存，窗口关闭。或按下负载数据，数据被保存，另一个窗口将自动打开，可以在此窗口中输入负载数据。

※ 课后作业

在任务实施完成后，你能回答出以下问题吗？

1. 为什么要进行工具测量?

2. 通过 XYZ 4 点法确定的是什么?

3. 工具测量方法有哪些?

4. 控制器最多可管理多少工具?

成功了吗？　检查了吗？　评价了吗？　反馈了吗？

分值（10分）评价 / 项目	自我评价	小组评价	教师综合评价
感兴趣程度			
任务明确程度			
学习主动性			
工作表现			
协作精神			
时间观念			
任务完成熟练程度			
理论知识掌握程度			
任务完成效果			
文明安全生产			
总评			

学习任务四
KUKA机器人的基坐标测量

知识目标

学会测量基坐标。

能力目标

1. 能够确定任意一个基坐标。
2. 能够激活已测量过的、用于手动移动的基坐标。

任务描述

根据任务要求利用实训室 KUKA 机器人对工作台进行基坐标的测量。

具体的任务要求：

1. 以机器人所带工具作为测量工具，以工作台一个直角的两边作为坐标系的 X 轴和 Y 轴，用基坐标 3 点法进行测量。
2. 请保存已测量过的基坐标的数据。
3. 将该工具移到该基坐标系的原点，并同时以笛卡儿坐标显示实际位置。

※ 知识链接

一、基坐标测量

基坐标系测量表示根据世界坐标系在机器人周围的某一个位置上创建坐标系。其目的是使机器人的运动以及编程设定的位置均以该坐标系为参照。因此，设定的工件支座和抽屉的边缘、货盘或机器的外缘均可作为基准坐标系中合理的参照点，如图 3-4-1 所示。

基坐标系测量分为两个步骤：

- 确定坐标原点。
- 定义坐标方向。

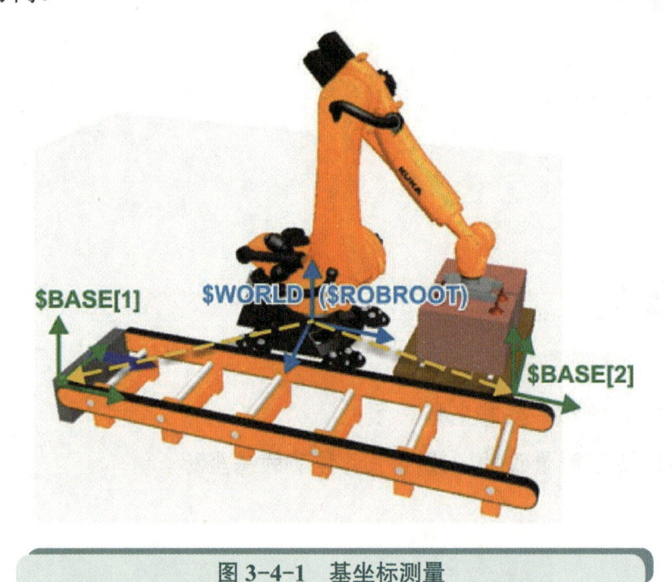

图 3-4-1　基坐标测量

1. 优势

测定了基坐标后有以下优点：

1）沿着工件边缘移动：可以沿着工作面或工件的边缘手动移动 TCP，如图 3-4-2 所示。

2）参照坐标系：示教的点以所选的坐标系为参照，如图 3-4-3 所示。

3）坐标系的修正 / 推移：可以参照基坐标对点进行示教。如果必须推移基坐标，例如由于工作面被移动，这些点也随之移动，不必重新进行示教，如图 3-4-4 所示。

4）多个基坐标系的益处：最多可建立 32 个不同的坐标系，并根据程序流程加以应用，如图 3-4-5 所示。

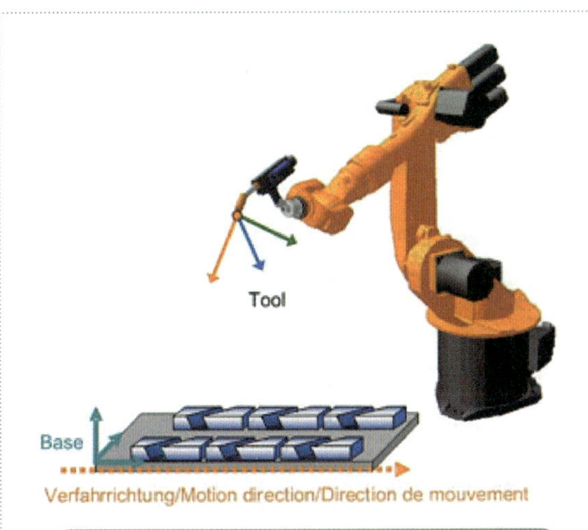

图 3-4-2　基坐标测量的优点：移动方向

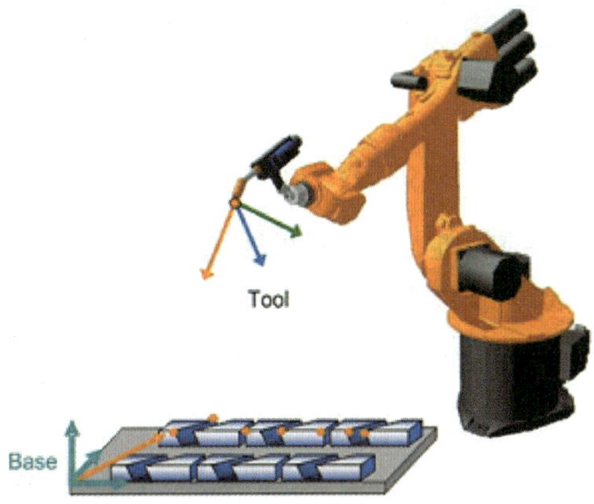

图 3-4-3　基坐标测量的优点：以所需坐标系为参照

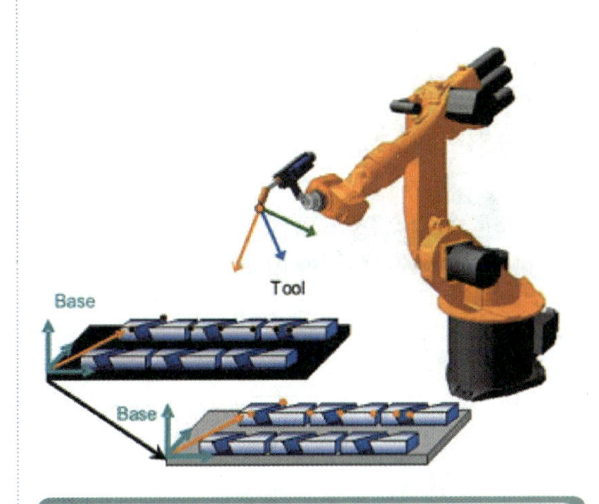

图 3-4-4　基坐标测量的优点：基坐标系的位移

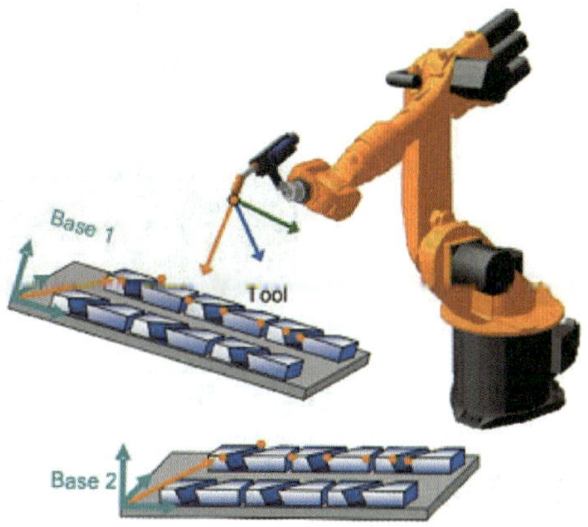

图 3-4-5　基坐标测量的优点：使用多个基坐标系

2. 基坐标测量的方法

基坐标测量方法有多种，见表 3-4-1。

表 3-4-1　基坐标测量方法

方　法	说　　明
3 点法	1. 定义原点 2. 定义 *X* 轴正方向 3. 定义 *Y* 轴正方向（*XY* 平面）
间接法	当无法移至基坐标原点时，例如，由于该点位于工件内部，或位于机器人工作空间之外时，须采用间接法。 此时须移至基坐标的 4 个点，其坐标值必须已知（CAD 数据）。机器人控制系统根据这些点计算基坐标
数字输入	直接输入至世界坐标系的距离值（*X*，*Y*，*Z*）和转角（*A*，*B*，*C*）

二、查询当前机器人位置

1. 机器人位置的显示方式

当前的机器人位置可通过轴极坐标和笛卡儿式两种不同方式进行显示。

（1）轴极坐标

显示每根轴的当前轴角：该角等于与零点标定位置之间的角度绝对值，如图 3-4-6 所示。

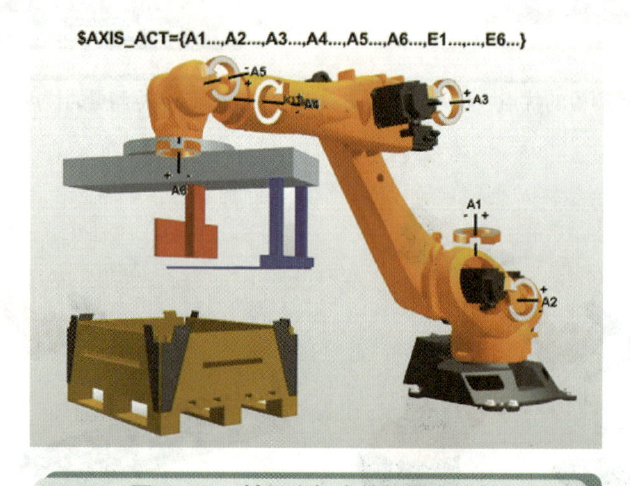

图 3-4-6　轴极坐标中的机器人位置

（2）笛卡儿式

在当前所选的基坐标系中显示 TCP 的当前位置（工具坐标系），如图 3-4-7 所示。

没有选择工具坐标系时，法兰坐标系适用。

没有选择基坐标系时，世界坐标系适用。

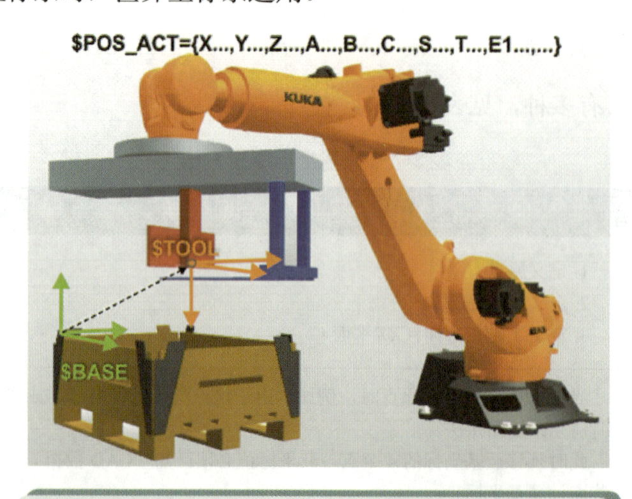

图 3-4-7　笛卡儿位置

2. 不同基坐标系中的笛卡儿位置

观察图 3-4-8 时，我们会立即意识到，机器人的三个位置都相同，但机器人位置指示器在这三种情况下却显示不同的值。因为它们是在不同的基坐标系中显示工具坐标系 / TCP 的位置，图中（a）是针对基坐标系 1，（b）是针对基坐标系 2，（c）是针对基坐标系 $NULLFRAME，这相当于机器人底座坐标系（通常也就是世界坐标系）。因此，仅当选择了正确的基坐标系和正确的工具时，笛卡儿坐标系中的实际位置指示器才显示所期望的值。

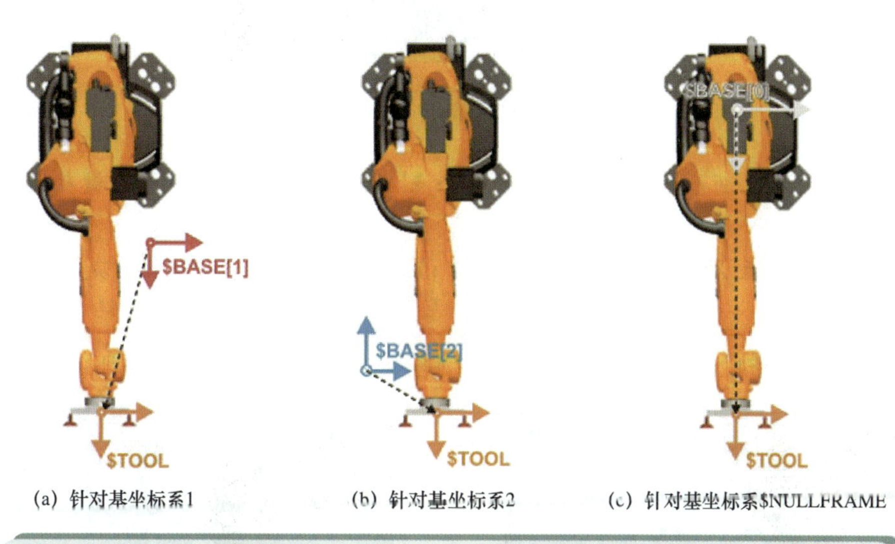

(a) 针对基坐标系1　(b) 针对基坐标系2　(c) 针对基坐标系$NULLFRAME

图 3-4-8 一个机器人工位的三个机器人位置

※ 任务实施

一、3 点法操作步骤

提示：基坐标测量只能用一个事先已经测定的工具进行（即 TCP 必须是已知的）。

1）在主菜单中选择投入运行 > 测量 > 基坐标系 >3 点。

2）为基坐标分配一个号码和一个名称。用继续键确认。

3）输入需用其 TCP 测量基坐标的工具的编号。用继续键确认。

4）用 TCP 移到新基坐标系的原点。单击测量软键并选择“是”确认位置，如图 3-4-9 所示。

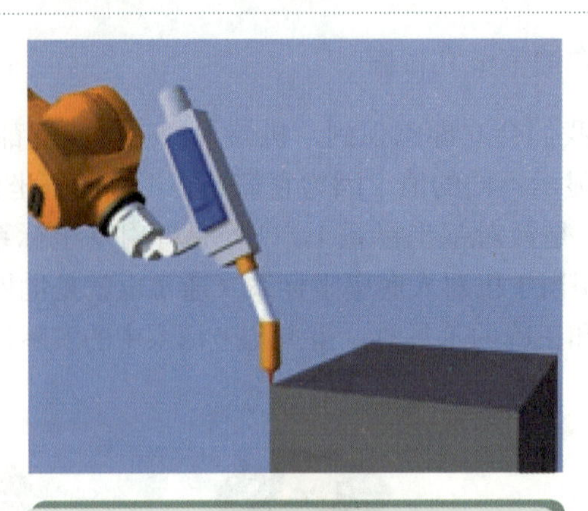

图 3-4-9　第一个点：原点

5）将 TCP 移至新基座正向 X 轴上的一个点。单击测量并选择“是”键确认位置，如图 3-4-10 所示。

6）将 TCP 移至 XY 平面上一个带有正 Y 值的点。单击测量并选择“是”确认位置，如图 3-4-11 所示。

7）按下保存键。

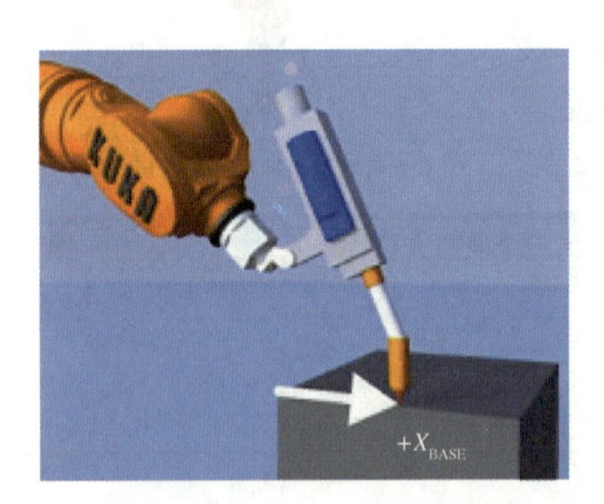

图 3-4-10　第二个点：X 向

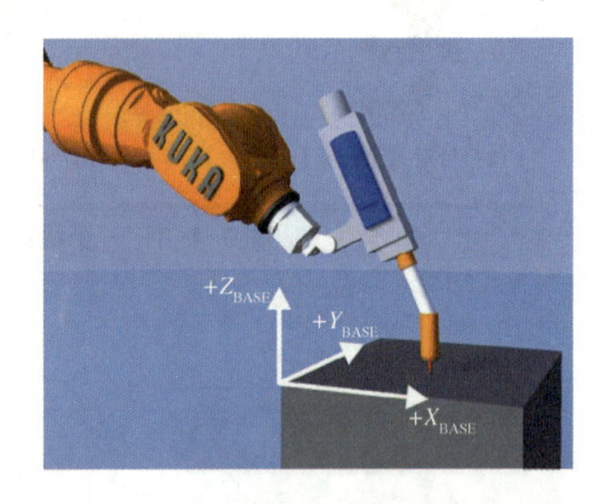

图 3-4-11　第三个点：XY 平面

8）关闭菜单。

二、查询机器人位置操作步骤

1）在菜单中选择显示 > 实际位置。将显示笛卡儿式实际位置。

2）按轴坐标以显示轴坐标式的实际位置。

3）按笛卡儿以再次显示笛卡儿式的实际位置

※ 课后作业

在任务实施完成后，你能回答出以下问题吗？

1. 为什么要测量基坐标?

2. 哪个图标代表基坐标系?

(a) 

(b)

(c)
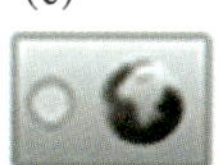

(d)

3. 基坐标测量方法有哪些?

4. 控制器最多可管理多少基坐标系?

5. 请说明 3 点法的测量要点。

成功了吗？　检查了吗？　评价了吗？　反馈了吗？

分值（10分）评价 / 项目	自我评价	小组评价	教师综合评价
感兴趣程度			
任务明确程度			
学习主动性			
工作表现			
协作精神			
时间观念			
任务完成熟练程度			
理论知识掌握程度			
任务完成效果			
文明安全生产			
总评			

模块四
KUKA 机器人的基础编程

- 学习任务一　创建及执行机器人程序
- 学习任务二　机器人作业程序的编辑
- 学习任务三　机器人程序中的基本逻辑功能

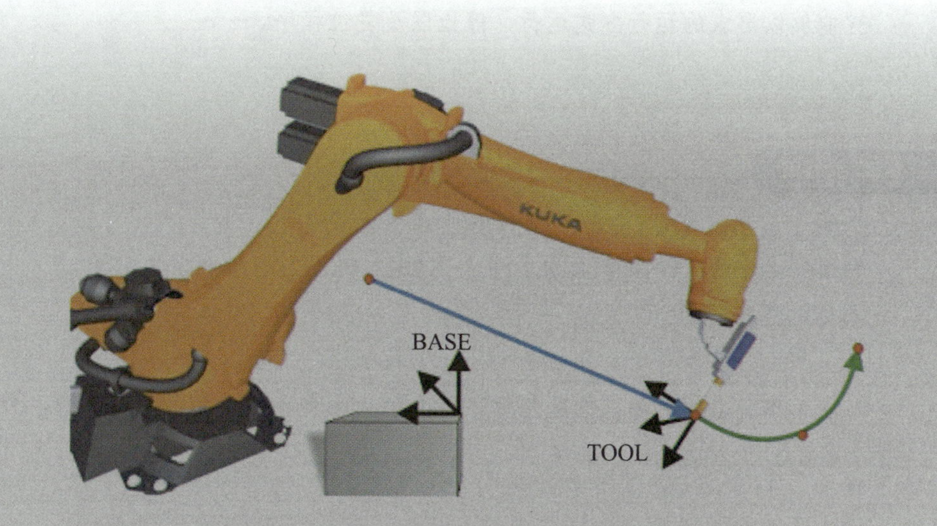

学习任务一 创建及执行机器人程序

知识目标

1. 掌握导航器中的程序应用。
2. 掌握工业机器人的运动类型。
3. 掌握运行、停止以及复位程序等运行方式。
4. 掌握 BCO 运行。

能力目标

1. 能够学会新建、选择和取消程序。
2. 能够为含有运动类型 PTP、LIN 和 CIRC 的运动编制简单的程序。
3. 能够以要求的运行方式运行、停止以及复位程序。

任务描述

利用实训室的 KUKA 机器人，完成 KUKA 机器人的简单程序编写。

具体的任务要求：

1. 以学生姓名简写＋日期为名创建一个新程序。

2. 在工作台上用所要求的基坐标、以尖触头 1 作为工具示教构件轮廓，如图 4-1-1 所示。

■工作台上的移动速度为 0.3 m/s。

■注意：工具的纵轴应始终垂直于轮廓（姿态引导）。

3. 在运行方式 T1、T2 和自动运行模式下测试程序。此时必须注意遵守培训指导中学到的安全规定且有专业人员在场。

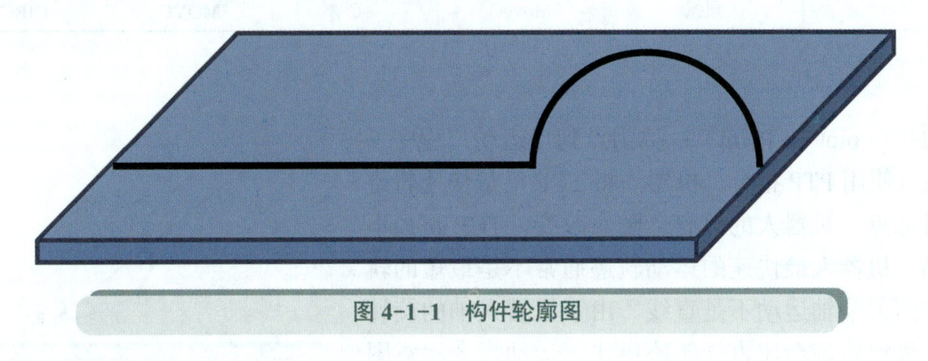

图 4-1-1　构件轮廓图

※ 知识链接

常见的程序编程方法有两种——示教编程方法和离线编程方法。示教编程方法是由操作人员引导，控制机器人运动，记录机器人作业的程序点，并插入所需的机器人命令来完成程序的编写。离线编程方法是操作人员不对实际作业的机器人直接进行示教，而是在离线编程系统中进行编程或在模拟环境中进行仿真，生成示教数据，通过 PC 间接对机器人进行示教。示教编程方法包括示教、编辑和轨迹再现，可以通过示教器示教再现，由于示教方式使用性强，操作简便，因此大部分机器人都常用这种方法。

一、工业机器人常用的运动指令

从运动方式上看，工业机器人具有点位（PTP）运动和连续路径（CP）运动两种形式。然而，目前机器人编程语言还不是通用语言，各机器人生产厂商都有自己的编程语言，如 ABB 机器人编程用 RAPID 语言（类似 C 语言），FANUC 机器人用 KAREL 语言（类似 Pascal 语言），YASKAWA 机器人用 Moto-Plus 语言（类似 C 语言），KUKA 机器人用 KRL 语言（类似 C 语言）等。不过，一般用户接触到的语言都是机器人公司自己开发的针对用户的语言平台，通俗易懂，在这一层面，因各机器人所具有的功能基本相同，因此不论语法规则和语言形式变化多大，其关键特性大都相似，如表 4-1-1 所示。因此，只要掌握某一品牌机器人的示教与再现方法，对于其他厂家机器人的作业编程就很容易上手。下面就以 KUKA 机器人为例进行讲解。

表 4-1-1 工业机器人行业四巨头的机器人移动命令

运动形式	移动方式	移动命令			
		ABB	FANUC	YASKAWA	KUKA
点位运动	PTP	MoveJ	J	MOVJ	PTP
连续路径运动	直线	MoveL	L	MOVL	LIN
	圆弧	MoveC	C	MOVC	CIRC

1. 点位（PTP）运动

PTP（Point To Point）：称为点到点运动，程序一般起始点使用 PTP 指令。机器人将 TCP 沿最快速轨迹送到目标点，机器人的位姿会随意改变，TCP 路径不可预测。机器人最快速的运动轨迹通常不是最短的轨迹，因而关节轴运动不是直线。由于机器人轴的旋转运动，弧形轨迹会比直线轨迹更快。运动指令示意图如图 4-1-2 所示，其具有如下特性：

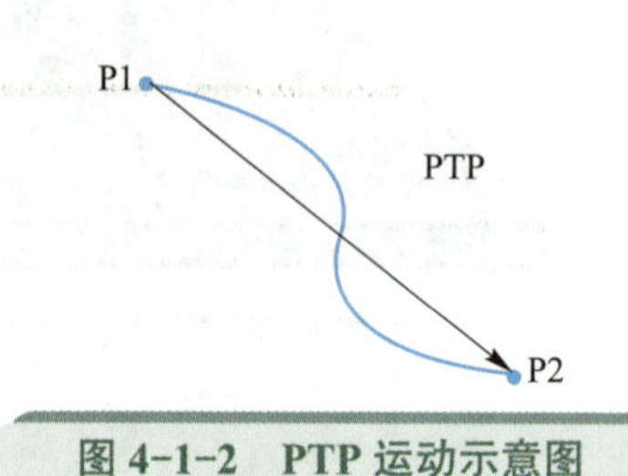

图 4-1-2 PTP 运动示意图

1）对于 PTP 运动的具体过程不可预见。

2）导向轴是达到目标点所需时间最长的轴。

3）所有轴同时启动并且也同步停下。

使用 PTP 指令可以使机器人的运动更加高效快速，也可以使机器人的运动更加柔和，但是关节轴运动轨迹是不可预见的，所以使用该指令务必确认机器人与周边设备不会发生碰撞。

（1）指令格式

指令格式如图 4-1-3 所示，其格式说明如表 4-1-2 所示。

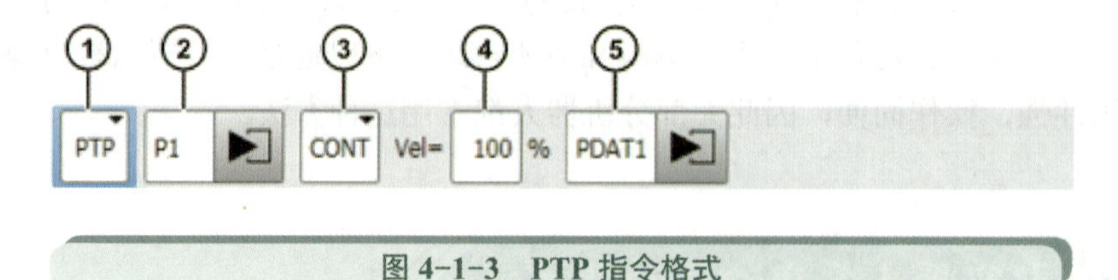

图 4-1-3 PTP 指令格式

表 4-1-2 PTP 指令格式说明

序 号	说 明
①	运动方式 PTP、LIN 或者 CIRC
②	目标点的名称自动分配，但可予以单独覆盖 触摸箭头以编辑点数据，然后选项窗口 Frames 自动打开 对于 CIRC，必须为目标点额外示教一个辅助点。移向辅助点位置，然后按下 Touchup HP
③	■ CONT：目标点被轨迹逼近 ■ ［空白］：将精确地移至目标点
④	速度 ■ PTP 运动：1% ～ 100% ■ 沿轨迹的运动：0.001 ～ 2 m/s

续表

序 号	说 明
⑤	运动数据组 ■ 加速度 ■ 轨迹逼近距离（如果在栏③中输入了 CONT） ■ 姿态引导（仅限于沿轨迹的运动）

（2）应用

PTP 运动指令是机器人以最快捷的方式运动至目标点，机器人运动状态不完全可控，但运动路径保持唯一，常用于机器人在空间内大范围移动，常用于点焊、搬运、装配等应用中的辅助点，或是空间中的自由点。

（3）轨迹逼近

为了加速运动过程，控制器可以 CONT 标示的运动指令进行轨迹逼近。轨迹逼近意味着将不精确移到点坐标，事先便离开精确保持轮廓的轨迹，如图 4-1-4 所示。TCP 被导引沿着轨迹逼近轮廓运行，该轮廓止于下一个运动指令的精确保持轮廓。其特征如表 4-1-3 所示。

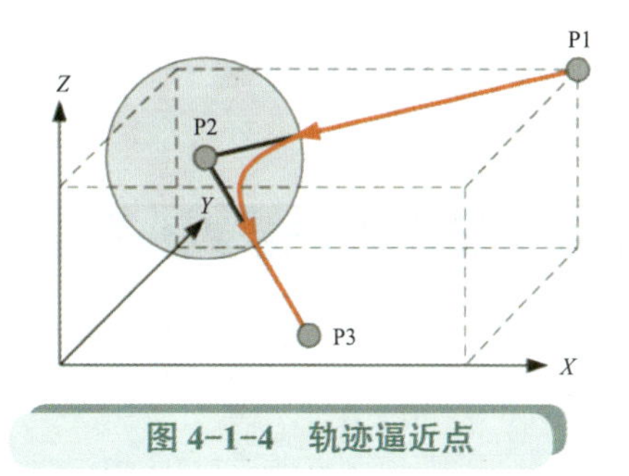

图 4-1-4 轨迹逼近点

轨迹逼近的优点：

■ 减少磨损；

■ 降低节拍时间。

表 4-1-3 运动方式 PTP 中的轨迹逼近

运动方式	特征	轨迹逼近距离
P1 PTP P3 P2 CONT	■ 轨迹逼近不可预见	以 % 表示

（4）创建 PTP 运动的操作步骤

前提条件：

■ 已设置运行方式 T1。

■ 机器人程序已选定。

1）将 TCP 移向应被示教为目标点的位置。

2）将光标置于其后应添加运动指令的那一行中。

3）菜单序列指令 > 运动 >PTP。

4）在指令行中输入改变的参数。

5）在选项窗口 Frames 中输入工具和基坐标系的正确数据，以及关于插补模式的数据（外部 TCP：开 / 关）和碰撞监控的数据，如图 4-1-5 所示，其中帧选项窗口说明见表 4-1-4。

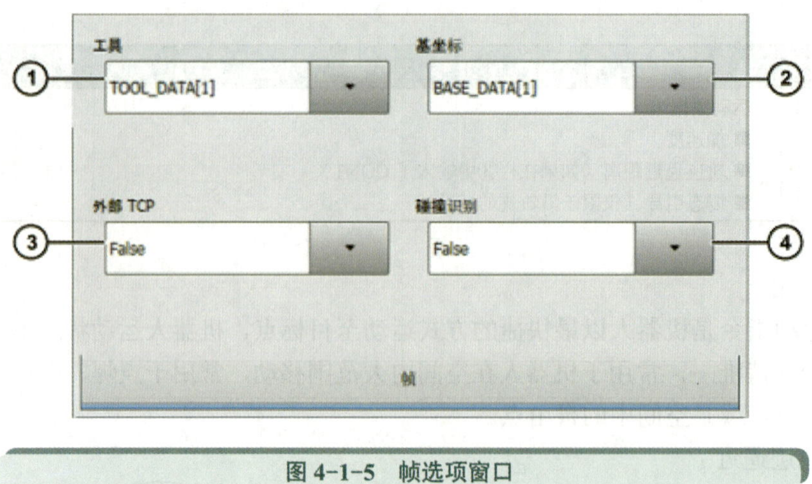

图 4-1-5　帧选项窗口

表 4-1-4　帧选项窗口说明

序　号	说　明
①	选择工具 如果外部 TCP 栏中显示 True：选择工具 值域：[1] … [16]
②	选择基准 如果外部 TCP 栏中显示 True：选择固定工具 值域：[1] … [32]
③	插补模式 ■ False：该工具已安装在连接法兰上 ■ True：该工具为固定工具
④	■ True：机器人控制系统为此运动计算轴的扭矩，用于碰撞识别 ■ False：机器人控制系统为此运动不计算轴的扭矩，因此对此运动无法进行碰撞识别

6）在运动参数选项窗口中可将加速度从最大值降下来，如图 4-1-6 所示。如果已经激活轨迹逼近，则也更改轨迹逼近距离。根据配置的不同，该距离的单位可以设置为 mm 或 %。运动参数选项窗口的说明，如表 4-1-5 所示。

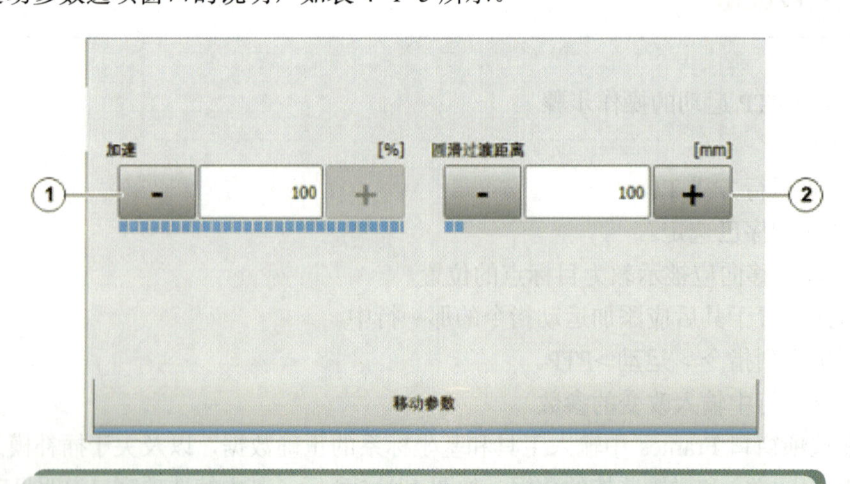

图 4-1-6　运行参数选项窗口（PTP）

表 4-1-5　运行参数选项窗口说明

序　号	说　明
①	加速度 以机器数据中给出的最大值为基准。此最大值与机器人类型和所设定的运行方式有关。该加速度适用于该运动语句的主要轴 ■ 1% ～ 100%
②	只有在联机表格中选择了 CONT 之后，此栏才显示 离目标点的距离，即最早开始轨迹逼近的距离 最大距离：从起点到目标点之间的一半距离，以无轨迹逼近 PTP 运动的运动轨迹为基准 ■ 1% ～ 100% ■ 1% ～ 1 000 mm

7）用指令 OK 存储指令。TCP 的当前位置被作为目标示教。

2. 连续路径（CP）运动

连续路径运动包括直线运动指令 LIN 和圆弧运动指令 CIRC 两种运动指令。

直线运动指令 LIN 是工具的 TCP 按照设定的姿态从起点匀速移动到目标位置点，TCP 运动路径是三维空间中 P1 点到 P2 点的直线运动，如图 4-1-7（a）所示。直线运动的起始点是前一运动指令的示教点，结束点是当前指令的示教点。运动特点：运动路径可预见，且在指定的坐标系中实现插补运动。

圆弧运动指令也称为圆弧插补运动指令。三点确定唯一圆弧，因此，圆弧运动需要示教三个圆弧运动点，起始点 P1 是上一条运动指令的末端点，P2 是中间辅助点，P3 是圆弧终点，如图 4-1-7（b）所示。

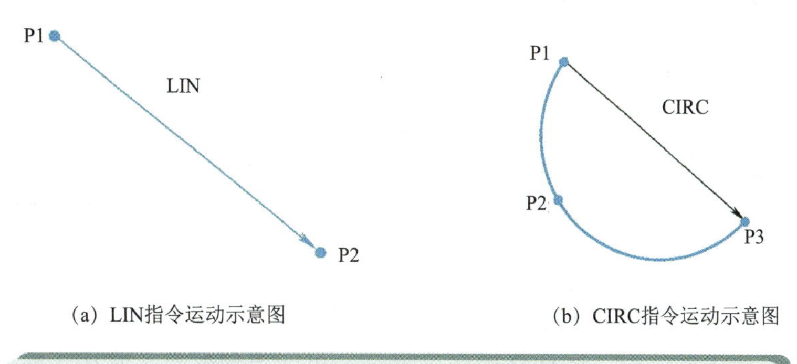

（a）LIN指令运动示意图　（b）CIRC指令运动示意图

图 4-1-7　连续路径（CP）运动示意图

（1）指令格式

CP 指令格式如图 4-1-8 所示。LIN 和 CIRC 指令格式说明如表 4-1-6 所示。

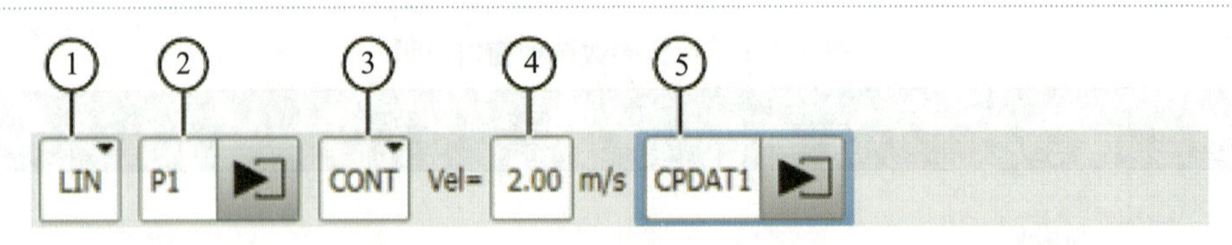

(a) LIN指令格式

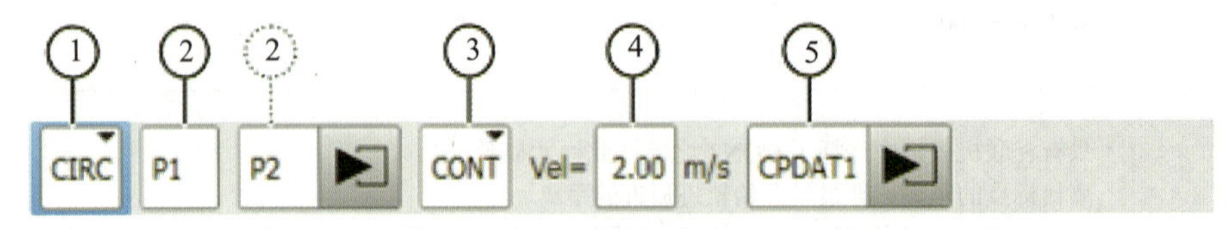

(b) CIRC指令格式

图 4-1-8 CP 指令格式

表 4-1-6 LIN 和 CIRC 指令格式说明

序 号	说 明
①	运动方式 PTP、LIN 或者 CIRC
②	目标点的名称自动分配，但可予以单独覆盖 触摸箭头以编辑点数据，然后选项窗口 Frames 自动打开 对于 CIRC，必须为目标点额外示教一个辅助点。移向辅助点位置，然后按下 Touchup HP。辅助点中的工具姿态无关紧要
③	■ CONT：目标点被轨迹逼近 ■［空白］：将精确地移至目标点
④	速度 ■ PTP 运动：1% ～ 100% ■沿轨迹的运动：0.001 ～ 2 m/s
⑤	运动数据组 ■加速度 ■轨迹逼近距离（如果在栏③中输入了 CONT） ■姿态引导（仅限于沿轨迹的运动）

（2）应用

直线运动指令 LIN 是机器人以线性方式运动至目标点，当前点与目标点两点决定一条直线，机器人运动状态可控，运动路径保持唯一，可能出现死点，常用于机器人在工作状态移动，如轨迹焊接、贴装、激光切割等。而圆弧运动指令 CIRC 是机器人通过中心点以圆弧移动方式运动至目标点，当前点、中间点与目标点三点决定一段圆弧，机器人运动状态可控，运动路径保持唯一，轨迹应用与 LIN 相同。

（3）轨迹逼近

对于圆周运动，轨迹逼近功能并不适用，它仅用于防止在某点出现精确暂停。连续路径指令的轨迹逼近特征如表 4-1-7 所示。

表 4-1-7　在运行方式 LIN 和 CIRC 下进行轨迹逼近

运动方式	特　征	轨迹逼近距离
P1 LIN P3 P2 CONT	■轨迹相当于抛物线	数字单位为毫米（mm）
P1 CIRC P3CONT P2	■轨迹相当于抛物线	数字单位为毫米（mm）

（4）创建 LIN 和 CIRC 运动的操作步骤

前提条件：

■ 已设置运行方式 T1。

■ 机器人程序已选定。

1）将 TCP 移向应被示教为目标点的位置，如图 4-1-9 所示。

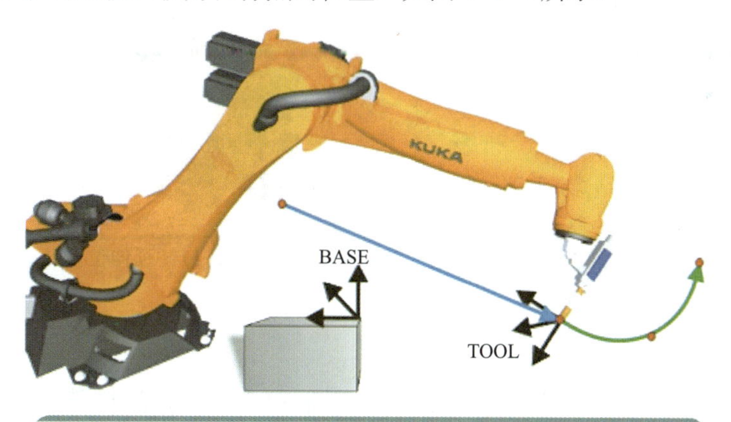

图 4-1-9　运动指令 LIN 和 CIRC

2）将光标置于其后应添加运动指令的那一行中。

3）选择菜单序列指令 > 运动 >LIN 或者 CIRC。

4）在联机表格中输入参数。

5）在选项窗口 Frames 中输入工具和基坐标系的正确数据，以及关于插补模式的数据（外部 TCP：开 / 关）和碰撞监控的数据。

6）在运动参数选项窗口中可将加速度从最大值降下来。如果轨迹逼近已激活，则可更改轨迹逼近距离。此外也可修改姿态引导。

7）用指令 OK 存储指令。TCP 的当前位置被作为目标示教。

（5）奇点位置

有着 6 个自由度的 KUKA 机器人具有 3 个不同的奇点位置。

即便在给定状态和步骤顺序的情况下，也无法通过逆向运算（将笛卡儿坐标转换成轴坐标值）得出唯一数值时，即可认为是一个奇点位置。这种情况下，或者当最小的笛卡儿变化也能导致非常大的轴角度变化时，即为奇点位置。奇点不是机械特性，而是数学特性，出于此原因，奇点只存在于轨迹运动范围内，而在轴运动时不存在。

顶置奇点 α_1：

在顶置奇点位置时，如图 4-1-10 所示，腕点（即轴 A5 的中点）垂直于机器人的轴 A1。轴 A1 的位置不能通过逆向运算进行明确确定，且因此可以赋以任意值。

延展位置奇点 α_2：

对于延伸位置奇点来说，如图 4-1-11 所示，腕点（即轴 A5 的中点）位于机器人轴 A2 和 A3 的延长线上。机器人处于其工作范围的边缘。通过逆向运算将得出唯一的轴角度，但较小的笛卡儿速度变化将导致轴 A2 和 A3 较大轴速变化。

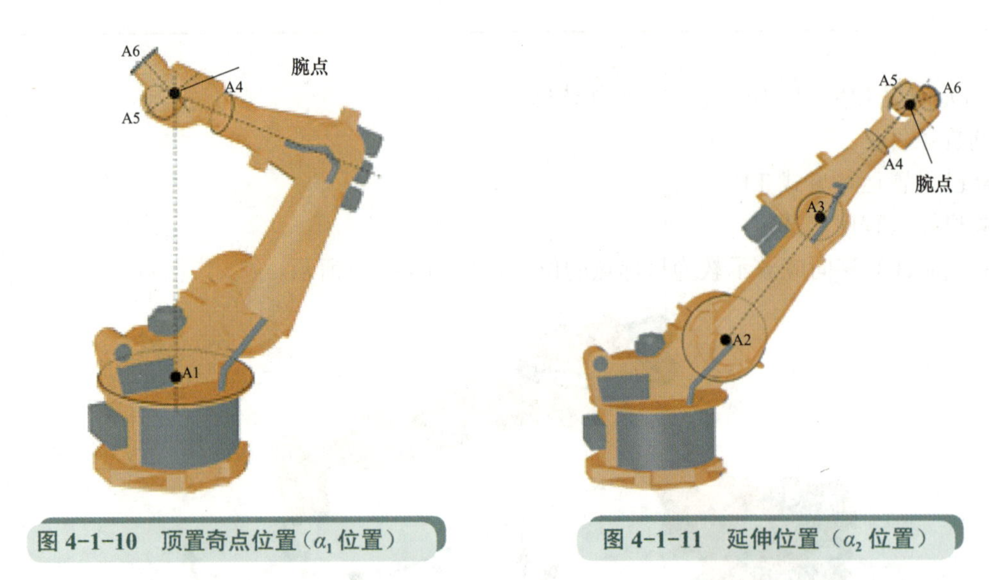

图 4-1-10　顶置奇点位置（α_1 位置）

图 4-1-11　延伸位置（α_2 位置）

手轴奇点 α_5：

对于手轴奇点来说，如图 4-1-12 所示，轴 A4 和 A6 彼此平行，并且轴 A5 处于 ±0.01812° 的范围内。通过逆向运算无法明确确定两轴的位置。轴 A4 和 A6 的位置可以有任意多的可能性，但其轴角度总和均相同。

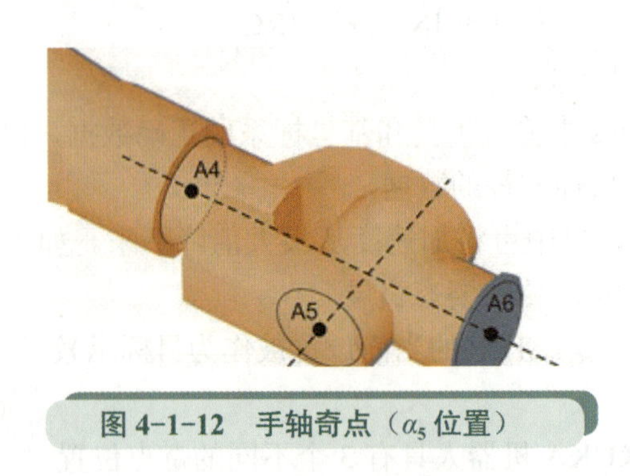

图 4-1-12　手轴奇点（α_5 位置）

二、KUKA 机器人的初始化运行

1. BCO 运行

KUKA 机器人的初始化运行称为 BCO 运行。BCO 是 Blockcoincidence（程序段重合）的缩写，重合就代表着一致性，即时间 / 空间事件的会合。

如图 4-1-13 所示，在下列情况下要进行 BCO 运行：

（1）选择程序（图中①）；

（2）程序复位（图中①）；

（3）程序执行时手动移动（图中①）；

（4）更改程序（图中②）

（5）语句行选择（图中③）。

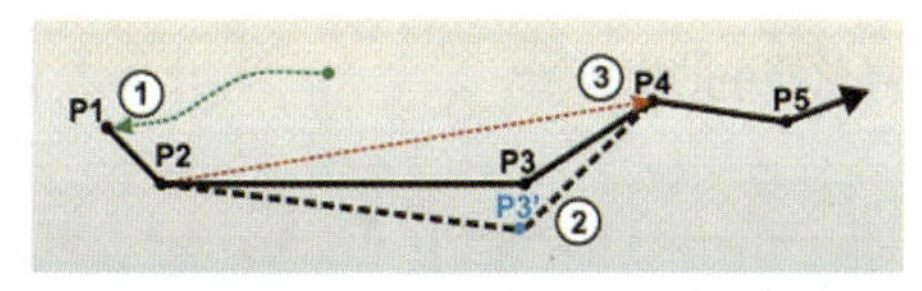

①选定程序或程序复位后BCO运行至原始位置
②更改运动指令后执行BCO运行重新示教的点
③进行语句行选择后执行BCO运行

图 4-1-13　BCO 运行范例

2. BCO 运行的必要性

为了使当前的机器人位置与机器人程序中的当前点位置保持一致，必须执行 BCO 运行。

仅在当前的机器人位置与编程设定的位置相同时才可进行轨迹规划，因此，首先必须将 TCP 置于轨迹上。

三、KUKA 机器人程序的创建、选择和启动

1. 创建程序模块

（1）导航器中的程序模块

编程模块应始终保存在文件夹“Program”（程序）中，如图 4-1-14 所示。也可建立新的文件夹并将程序模块存放在那里，模块用字母“M”表示。一个模块中可以加入注释，此类注释中可含有程序的简短功能说明。

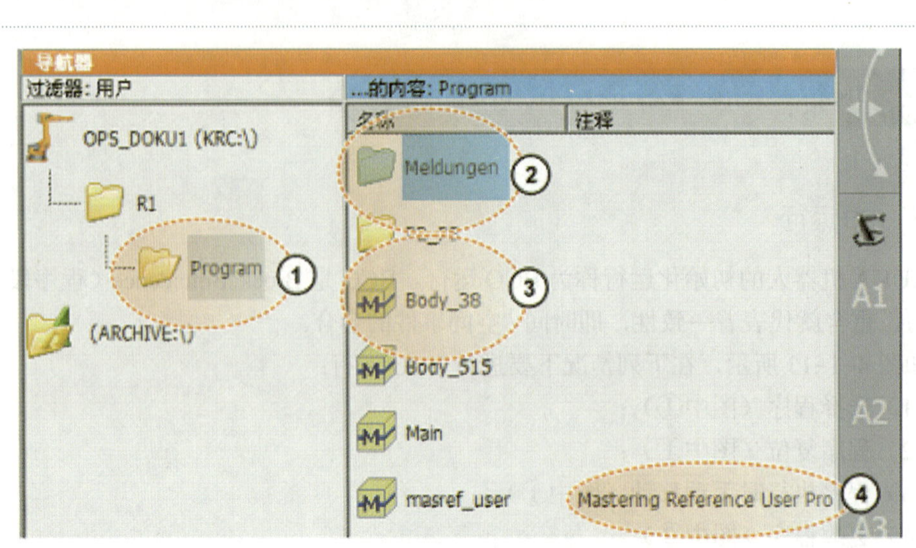

①程序的主文件夹："程序"　②其他程序的子文件夹
③程序模块 / 模块　④程序模块的注释

图 4-1-14　导航器中的模块

（2）程序模块的属性

模块由源代码 SRC 和数据列表 DAT 两个部分组成，如图 4-1-15 所示。

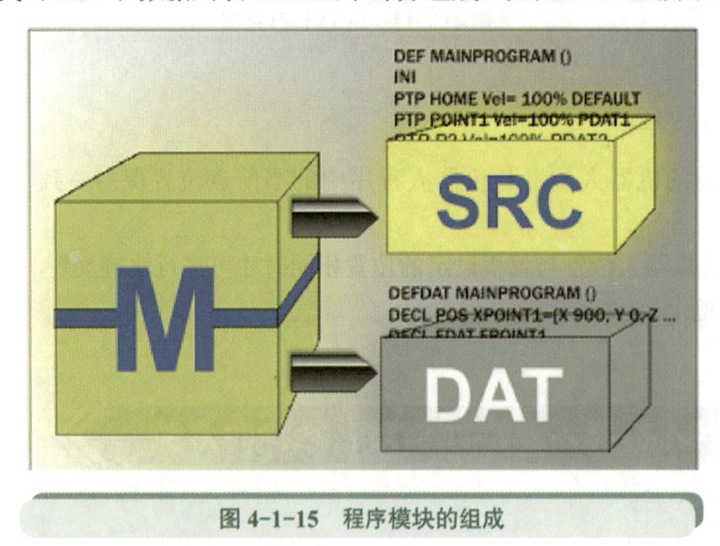

图 4-1-15　程序模块的组成

■ 源代码：SRC 文件中含有程序源代码。

```
DEF MAINPROGRAM ()
INI
PTP HOME Vel= 100% DEFAULT
PTP POINT1 Vel=100% PDAT1 TOOL[1] BASE[2]
PTP P2 Vel=100% PDAT2 TOOL[1] BASE[2]
...
END
```

■ 数据列表：DAT 文件中含有固定数据和点坐标。

```
DEFDAT MAINPROGRAM ()
DECL E6POS XPOINT1={X 900,Y 0, Z 800, A 0, B 0, C 0, S 6,T
27, E1 0, E2 0, E3 0, E4 0, E5 0,E6 0}
DECL FDAT FPOINT1...
...
ENDDAT
```

（3）创建编程模块的操作步骤

1）在目录结构中选定要在其中建立程序的文件夹，例如文件夹程序，然后切换到文件列表。

2）按下按键新建。

3）输入程序名称，需要时再输入注释，然后按 OK 键确认。

2. 选择和启动机器人程序

如果要执行一个机器人程序，则必须事先将其选中，然后才能进行机器人程序的启动。机器人程序在导航器中的用户界面上供选择。通常，在文件夹中创建移动程序。Cell 程序（由 PLC 控制机器人的管理程序）始终在文件夹“R1”中，如图 4-1-16 所示。

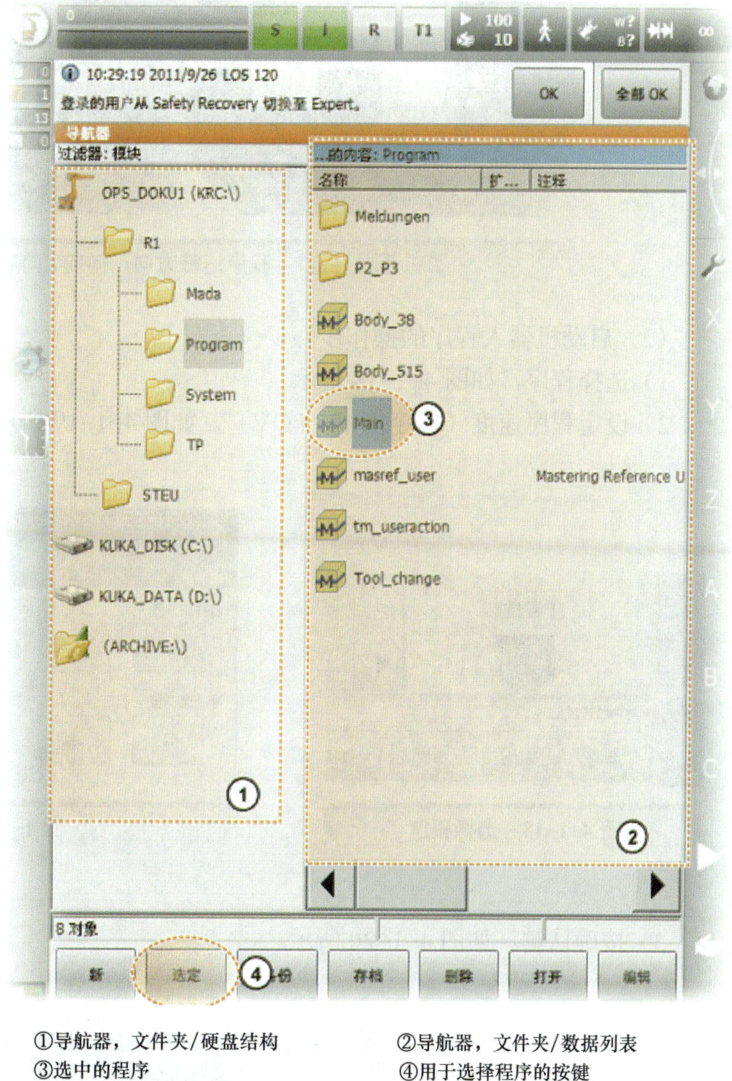

①导航器，文件夹/硬盘结构　②导航器，文件夹/数据列表
③选中的程序　④用于选择程序的按键

图 4-1-16　导航器

（1）选择机器人程序的步骤

1）在文件夹“R1”/硬盘结构导航器中双击“Program”文件夹。

2）在展开的文件夹 / 数据列表导航器中选中“Main”文件或其他自己命名的文件。

3）按选定键打开“Main”文件或其他自己命名的文件。

对于程序启动，有正向启动程序按键▷和反向启动程序按键◁供选择，如图 4-1-17 所示。

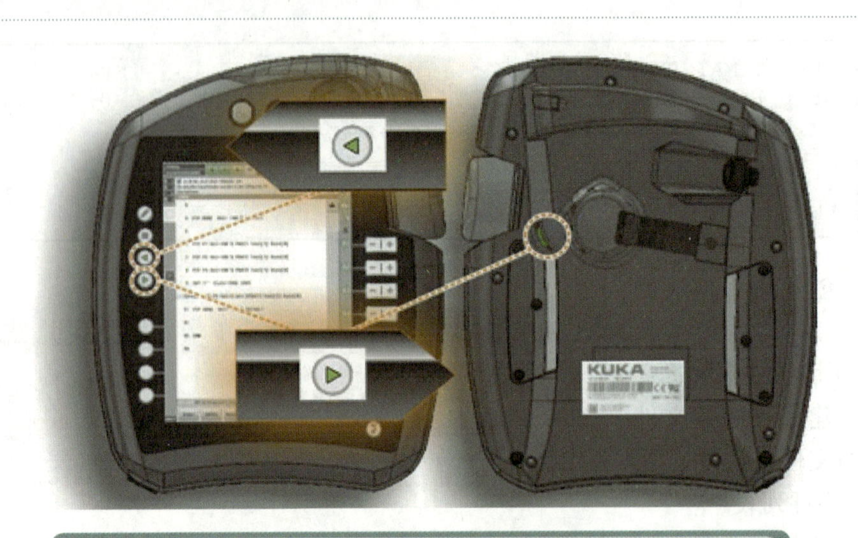

图 4-1-17　程序运行方向：向前 / 向后

（2）启动机器人程序的操作步骤

1）选择程序，如图 4-1-18 所示。

2）设定程序速度（程序倍率，POV），如图 4-1-19 所示。

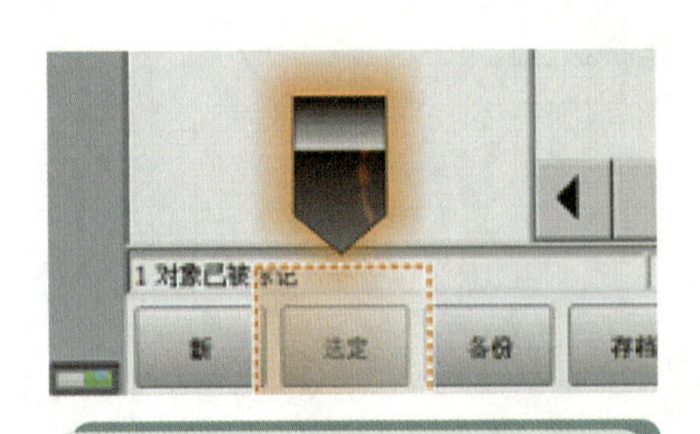

图 4-1-18　选择程序

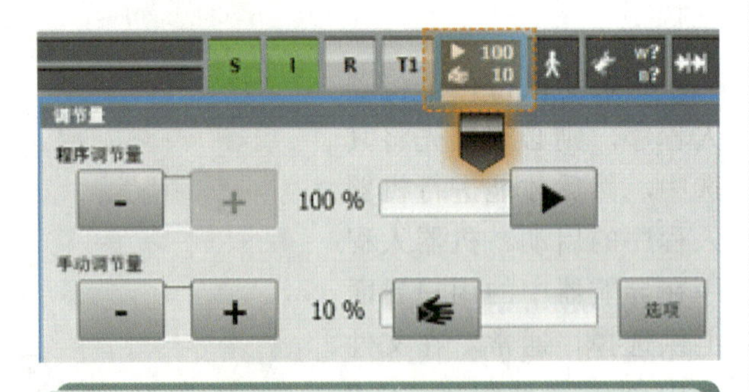

图 4-1-19　POV 设置

3）按确认键，如图 4-1-20 所示。

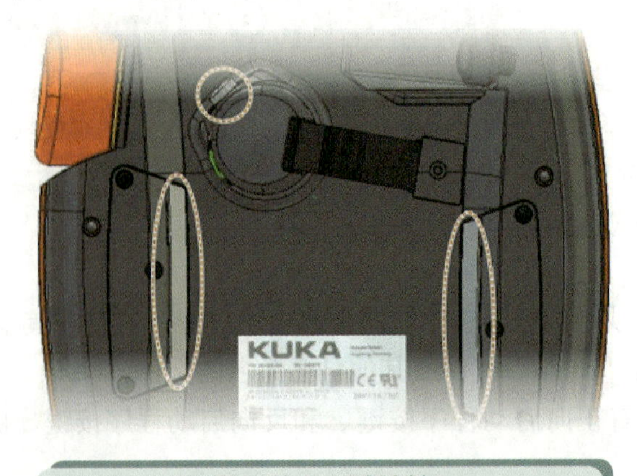

图 4-1-20　确认键

4）按下启动键（+）并按住：

■ “INI”行得到处理。

■ 机器人执行 BCO 运行。

5）到达目标位置后运动停止，如图 4-1-21 所示，同时状态信息栏将显示提示信息“已达 BCO”。

图 4-1-21　状态显示

6）接着按动 Start（启动）启动程序。

3. 程序运行方式

对于编程控制的机器人运动，如果要运行某个程序，是可以提供多种程序运行方式的，如表 4-1-8 所示。

表 4-1-8　程序运行方式

程序运动方式	说　明
	GO ■程序连续运行，直至程序结束 ■在测试运行中必须按住启动键
	MSTEP ■在运行步进运行方式下，每个运动指令都单个执行 ■每一个运动结束后，都必须重新按下启动键
	ISTEP（仅供用户组“专家”使用） ■在增量步进时，逐行执行（与行中的内容无关） ■每行执行后，都必须重新按下启动键

4. KUKA 机器人程序结构

对于一个完整的 KUKA 机器人程序的基本结构分为程序名定义、程序初始化、程序主体和程序结束四部分，仅限于在专家用户组中可见，如图 4-1-22 所示。

5. KUKA 机器人的程序状态

KUKA 机器人的程序所处的状态可以通过状态显示栏中 R 的不同颜色进行显示，如表 4-1-9 所示。同时，当选择的程序启动运行到程序的末端时，想要再一次启动程序时，需要对程序进行复位。操作步骤为：在状态显示栏中点一下 R，如图 4-1-23 所示，在出现的下拉菜单中，选择“程序复位”，即可对程序进行复位。同样，若不再选择该程序，仍需在状态显示栏中点一下 R，选择“取消选择程序”，即可关闭所选择的程序。

```
1  DEF   kuka_rock( )                                        ①
2  INI                                                        ②
3  PTP   HOME   Vel=100% DEFAULT                              ③
4  PTP   P1   Vel=100% PDAT1 Tool[1] BASE[0]
5  PTP   P2   Vel=100% PDAT2 Tool[1] BASE[0]
6  PTP   P3   Vel=100% PDAT3 Tool[1] BASE[0]
7  OUT   1 ' ' State= TRUE CONT
8  LIN P4 Vel=2m/s CPDAT1 Tool[1] Base[0]
9  PTP HOME Vel=100% DEFAULT
10 END                                                        ①
```

①“DEF 程序名（）”始终出现在程序开头，而“END”表示程序结束。
②“INI”行包含程序正确运行所需的标准参数的调用。“INI”行必须最先运行！自带的程序文本，包括运动指令、等待 / 逻辑指令等。
③ 行驶指令“PTP Home”常用于程序开头和末尾，因为这是唯一的已知位置。

图 4-1-22　KUKA 程序结构

表 4-1-9　KUKA 机器人的程序状态

图　标	颜　色	说　明
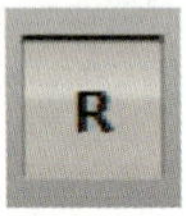 R	灰色	未选定程序
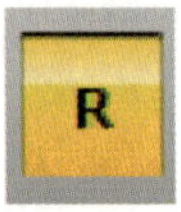 R	黄色	语句指针位于所选程序的首行
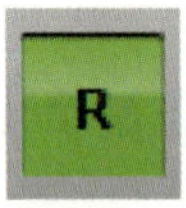 R	绿色	已经选择程序，而且程序正在运行
 R	红色	选定并启动的程序被暂停
 R	黑色	语句指针位于所选程序的末端

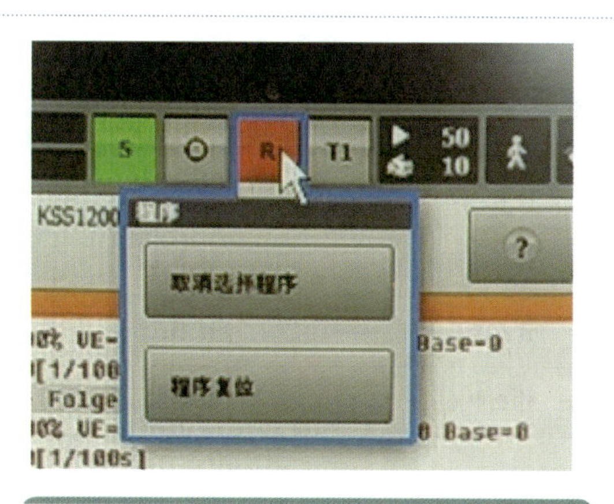

图 4-1-23 KUKA 程序的复位和取消选择

※ 任务实施

下面，通过在线示教的方式为机器人输入该构件轮廓的加工程序，如图 4-1-24 所示，此程序由编号 1 ～ 8 的 8 个程序点组成，每个程序点的用途说明如表 4-1-10 所示，其中有一点需要说明，程序点 1 和程序点 8 应为同一个点，称为机器人的原点，在 KUKA 机器人中也称 Home 点，该点应处于与工件、夹具等互不干涉的位置，一般来说，程序点 8 的示教一般有两种方式：一种是通过选择并启动程序回到程序点 1 后再将程序点 8 输入记录，另一种是通过示教器的复制粘贴功能直接将程序点 1 复制粘贴。对于 KUKA 机器人来说，有一个优势就是，程序新建之后，就包含了 Home 点程序，只要选择好程序点 1，程序点 8 是自动生成的。而具体示教方法可参照表 4-1-11。

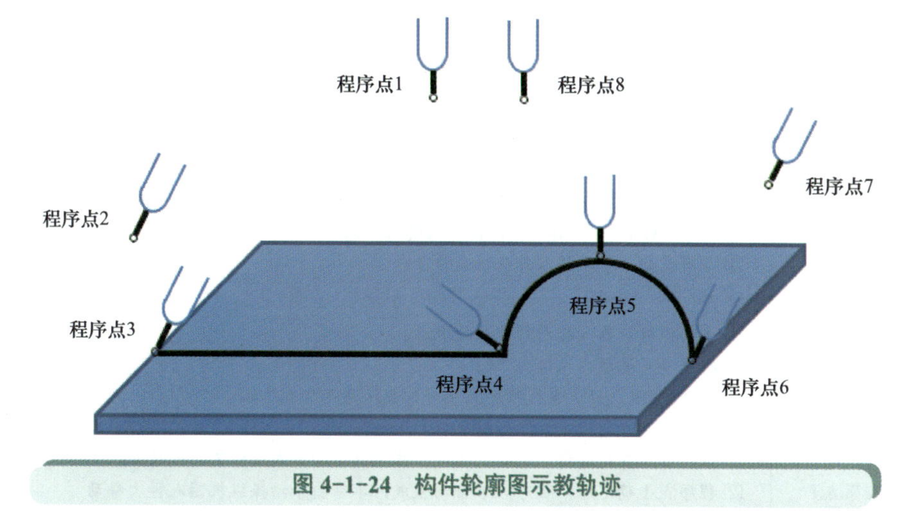

图 4-1-24 构件轮廓图示教轨迹

表 4-1-10　程序点说明

程序点	说明	程序点	说明
程序点 1	机器人原点	程序点 5	作业中间点
程序点 2	作业临近点	程序点 6	作业结束点
程序点 3	作业开始点	程序点 7	作业规避点
程序点 4	作业中间点	程序点 8	机器人原点

表 4-1-11　运动轨迹示教方法

程序点	示教方法
程序点 1 （机器人原点）	① 按第 2 章手动操纵机器人要领移动机器人到原点。 ② 该行程序在新建程序时自动生成，程序点运动方式默认为“PTP”。 ③“确定参数”确认保存程序点 1 为机器人原点
程序点 2 （作业临近点）	① 手动操纵机器人移动到作业临近点。 ② 将程序点运动方式选为“PTP”。 ③“指令 OK”确认保存程序点 2 为作业临近点
程序点 3 （作业开始点）	① 手动操纵机器人移动到作业开始点。 ② 将程序点运动方式选为“LIN”。 ③“指令 OK”确认保存程序点 3 为作业开始点。 ④ 如有需要，手动插入作业开始作业命令
程序点 4 （作业中间点）	① 手动操纵机器人移动到作业中间点。 ② 将程序点运动方式选为“LIN”。 ③“指令 OK”确认保存程序点 4 为作业中间点
程序点 5 （作业中间点）	① 手动操纵机器人移动到作业中间点。 ② 将程序点运动方式选为“CIRC”，然后再选“辅助点”
程序点 6 （作业结束点）	① 手动操纵机器人移动到作业结束点。 ② 程序点运动方式停留在运动方式“CIRC”，此时选“目标点”。 ③“指令 OK”确认保存程序点 6 为作业结束点。 ④ 如有需要，手动插入作业结束作业命令
程序点 7 （作业规避点）	① 手动操纵机器人移动到作业规避点。 ② 将程序点运动方式选为“LIN”。 ③“指令 OK”确认保存程序点 7 为作业规避点
程序点 8 （机器人原点）	① 该行程序在新建程序时自动生成，程序点运动方式默认为“PTP”。 ② 程序点 1 确定后，程序点 8 自动生成，不需要手动操纵机器人再次移动

那么接下来新建一个程序，试着开始编程示教调试吧！参考程序如下：

```
1    DEF   wsy02( )
2    INI
3    PTP HOME Vel=100% DEFAULT
4    PTP P1 Vel=100% PDAT1 Tool[1]:wsy2 Base[0]
5    LIN P2 Vel=0.3 m/s CPDAT1 Tool[1]:wsy2 Base[0]
6    LIN P3 Vel=0.3 m/s CPDAT1 Tool[1]:wsy2 Base[0]
7    CIRC P4 P5 Vel=0.3 m/s CPDAT1 Tool[1]:wsy2 Base[0]
8    LIN P6 Vel=0.3 m/s CPDAT1 Tool[1]:wsy2 Base[0]
9    LIN P7 Vel=0.3 m/s CPDAT1 Tool[1]:wsy2 Base[0]
10    PTP HOME Vel=100% DEFAULT
11    END
```

※ 课后作业

在任务实施过程中，你能回答出以下问题吗？

1. 选择和打开程序之间的区别是什么?

2. BCO 运行是什么?

3. 如何才能影响程序速度?

4. PTP 运动的特征是什么?

5. LIN 和 CIRC 运动有哪些特点?

成功了吗？　检查了吗？　评价了吗？　反馈了吗？

分值（10分）评价 / 项目	自我评价	小组评价	教师综合评价
感兴趣程度			
任务明确程度			
学习主动性			
工作表现			
协作精神			
时间观念			
任务完成熟练程度			
理论知识掌握程度			
任务完成效果			
文明安全生产			
总评			

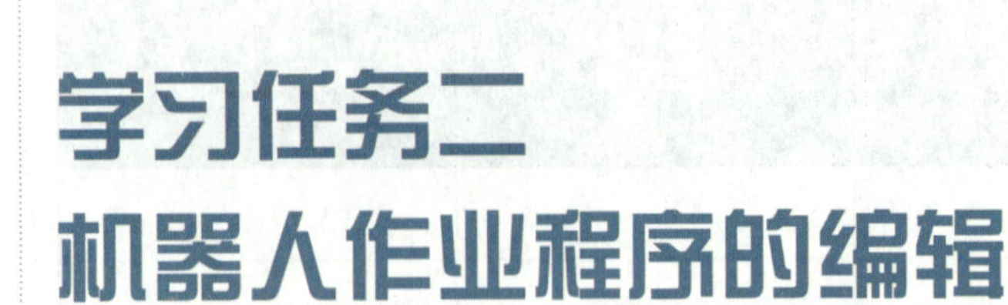

学习任务二 机器人作业程序的编辑

知识目标

1. 掌握程序的更改与编辑。
2. 掌握程序文件的使用。

能力目标

1. 能使用程序的添加、更改、复制和删除等功能。
2. 能使用程序的存档、还原等功能。

任务描述

利用实训室的 KUKA 机器人，创建一组约 6 个 PTP 或 LIN 的运动语句，在没有碰撞运行的情况下，根据任务要求对 KUKA 机器人进行编辑及更改。

具体的任务要求：

1. 请针对所建立的空间点使用不同的速度。
2. 请在程序中多次调用相同的点。
3. 请删除运动语句，并在程序中的其他位置处重新插入新的点。

※ 知识链接

机器人程序的编辑一般不能一步到位，在作业任务的示教过程中，程序需要不断地调试、更改和完善，常见的操作有：程序点的添加、更改和删除，机器人移动速度的修改，机器人指令的添加和机器人程序文件的使用等。

一、程序点的添加、更改和删除

运动轨迹是机器人示教的主要内容之一，而运动轨迹是由若干程序点所组成的，因此，对机器人运动轨迹的编辑与修改实质上就是对程序点的编辑。表 4-2-1 是典型程序点的编辑方法。

表 4-2-1　典型程序点的编辑方法

编辑类型	操作要领	动作图示
示教点的添加	① 使用跟踪功能将机器人移动到程序点 1 位置。 ② 手动操作机器人移动到新的目标点位置（程序点 3）。 ③ 点按示教器按键登录程序点 3	程序点 1　程序点2　程序点3
示教点的变更	① 使用跟踪功能将机器人移动到程序点 2 位置。 ② 手动操作机器人移动到新的目标点位置。 ③ 点按示教器按键登录程序点 2	程序点 1　程序点3　程序点2
示教点的删除	① 使用跟踪功能将机器人移动到程序点 2 位置。 ② 点按示教器按键删除程序点 2	程序点 1　程序点3　程序点2

二、机器人移动速度的更改

对于 KUKA 机器人的示教再现操作过程中，经常涉及三类动作速度：T1 模式下手动操作机器人移动速度（以下简称示教速度）、T2模式下运动轨迹测试运行时的跟踪速度（以下简称跟踪速度）和程序自动模式时的再现速度（以下简称再现速度）。

1. 示教速度

使用示教器手动移动操作机器人移动的速度，分点动速度和连续移动速度。其中，最大速度为250 mm/s。关于这部分内容，在前几章中已做详细说明，这里不再赘述。

2. 跟踪速度

使用示教器进行运行轨迹测试时的移动速度，程序执行时的速度等于编程设定的速度。

3. 再现速度

自动运行时机器人移动速度，同跟踪速度类似，程序执行时的速度等于编程设定的速度。

对于机器人移动的示教速度，通过示教器上的速度倍率键即可修改，对于机器人移动的跟踪速度和再现速度的修改主要在程序编辑模式下进行，移动光标到待修改速度所在的程序命令行，然后单击示教器上的更改按键，完成速度的修改与指定后单击OK键，存储变更。

三、机器人运动指令的更改

机器人指令分为以下几类：动作指令、作业指令、寄存器指令、I/O指令、跳转指令和其他指令。其中，运动指令是指以指定的移动速度和插补方式使机器人向作业空间内的指定位置移动的指令，接下来着重介绍一下KUKA机器人运动指令的更改。

1. 更改运动指令的原因

更改现有运动指令的原因有很多种，表4–2–2为典型运动指令更改的原因。

表4–2–2　典型运动指令更改的原因

典型原因	待执行的更改
①待抓取工件的位置发生变化。 ②加工时五个孔中的一个孔位置发生变化。 ③焊条必须截短	位置数据的更改
货盘位置发生变化	更改帧数据：基坐标系和 / 或工具坐标系
意外使用了错误基坐标系对某个位置进行了示教	更改帧数据：带位置更新的基坐标系和 / 或工具坐标系
加工速度太慢：节拍时间必须改善	更改运动数据：速度、加速度 更改运动方式

2. 更改运动指令的作用

（1）更改位置数据

只更改程序点的数据组：程序点获得新的坐标，因为已用“Touchup”更新了数值。旧的程序点坐标被覆盖，并且不再提供，如图 4-2-1 所示。

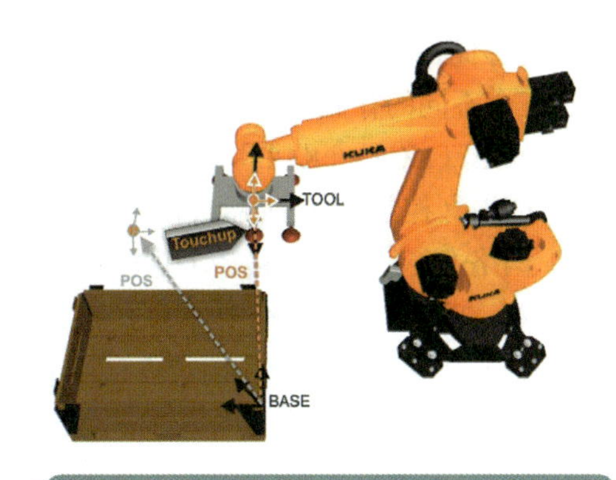

图 4-2-1　用“Touchup”更改机器人位置

（2）更改帧数据

1）更改帧数据（例如工具、基坐标）时，会导致位置发生位移，例如：“矢量位移 ”。

2）机器人位置会发生变化。旧的点坐标依然会被保存并有效。发生变化的仅是参照系，例如基坐标。

3）可能会出现超出工作区的情况。因此可能不能到达某些机器人位置。

4）如果机器人位置保持不变，但帧参数改变，则必须在更改参数（例如基坐标）后在所要的位置上用“Touchup” 更新坐标，如图 4-2-2 所示。

（3）更改运动数据

更改速度或者加速度时会改变移动属性，这可能会影响加工工艺，特别是使用轨迹应用程序时，如胶条厚度、焊缝质量等。

（4）更改运动方式

更改运动方式时总是会导致更改轨迹规划，这样就会造成轨迹可能会发生意外变化，这在不利情况下就可能会发生碰撞，如图 4-2-3 所示。

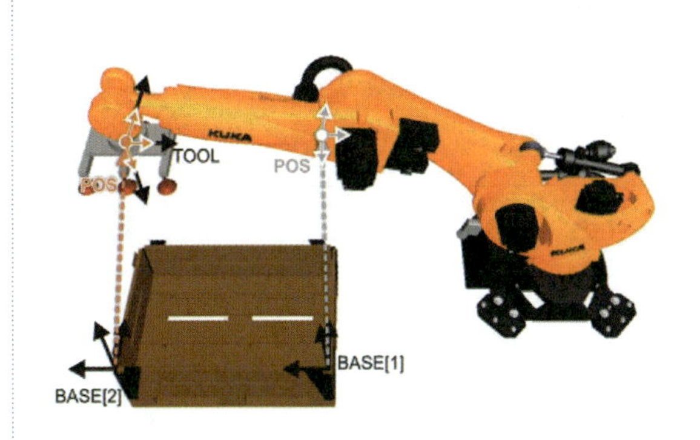

图 4-2-2　更改帧数据（以基坐标为例）

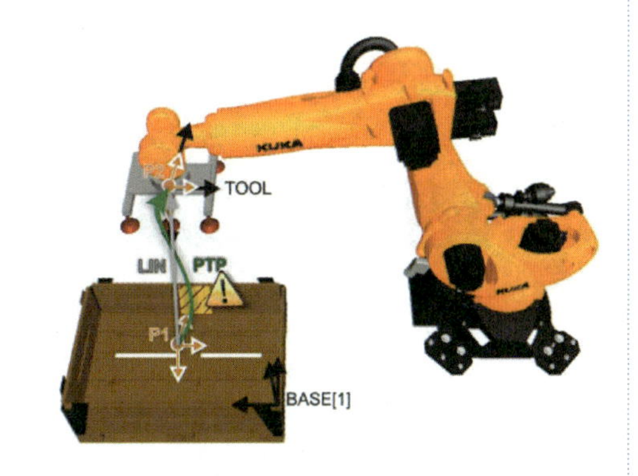

图 4-2-3　更改运动方式

四、存档和还原机器人程序

1. 存档途径

在每个存档过程中均会在相应的目标媒质上生成一个 ZIP 文件，该文件与机器人同名。在机器人数据下可个别改变文件名。

（1）存储位置

有三个不同的存储位置可供选择：

1）USB（KCP）| KCP（smardPAD）上的U盘。

2）USB（控制柜）| 机器人控制柜上的U盘。

3）网络 | 在一个网络路径上存档（所需的网络路径必须在机器人数据下配置）。

注意：在每个存档过程中，除了将生成的ZIP文件保存在所选的存储媒介上之外，还在驱动器D：\ 上存储一个存档文件（INTERN.ZIP）。

（2）数据

可选择以下数据存档：

1）全部：将还原当前系统所需的数据存档。

2）应用：所有用户自定义的KRL模块（程序）和相应的系统文件均被存档。

3）机器参数：将机器参数存档。

4）Log数据：将Log文件存档。

5）KrcDiag：将数据存档，以便将其提供给KUKA机器人有限公司进行故障分析。在此将生成一个文件夹（名为KRCDiag），其中可写入10个ZIP文件。除此之外还另外在控制器中将存档文件存放在C：\KUKA\KRCDiag下。

2. 还原数据

通常情况下，还原数据只允许载入具有相应软件版本的文档，如果载入其他文档，则可能出现故障信息、机器人控制器无法运行或是人员受伤或设备损坏。一般还原时可选择全部还原、应用还原或程序配置还原。

※ 任务实施

一、编辑程序模块操作步骤

1. 程序删除的操作步骤

1）在文件夹结构中选中文件所在的文件夹。

2）在文件列表中选中文件。

3）选择软键删除键。

4）单击“是”确认安全询问。模块即被删除。

注意：在用户组“专家”和筛选设置“详细信息”中，每个模块各有两个文件映射到导航器中（SRC和DAT文件）。如果属实，则必须删除这个两个文件，并且已删除的文件将无法恢复。

2. 程序改名的操作步骤

1）在文件夹结构中选中文件所在的文件夹。

2）在文件列表中选中文件。

3）选择软键编辑 > 改名。

4）用新的名称覆盖原文件名，单击 OK 键确认。

注意：在用户组“专家”和筛选设置“详细信息”中，每个模块各有两个文件映射到导航器中（SRC 和 DAT 文件）。如果属实，则必须给这个两个文件改名。

3. 程序复制的操作步骤

1）在文件夹结构中选中文件所在的文件夹。

2）在文件列表中选中文件。

3）选择软键复制键。

4）给新模块输入一个新文件名，然后单击 OK 键确认。

注意：在用户组“专家”和筛选设置“详细信息”中，每个模块各有两个文件映射到导航器中（SRC 和 DAT 文件）。如果属实，则必须复制这个两个文件。

二、更改运动指令的操作步骤

1. 更改运动参数—帧的操作步骤

1）将光标放在需要改变的指令行里。

2）单击软键更改键。指令相关的联机表格自动打开。

3）打开选项窗口“帧”。

4）设置新工具坐标系、基坐标系或者外部 TCP。

5）单击 OK 键，确认用户对话框（注意：改变以点为基准的帧参数时会有碰撞危险）。

6）要保留当前的机器人位置及更改的工具坐标系和 / 或基坐标系设置，则必须按下 Touchup 键，以便重新计算和保存当前位置。

7）用软键 OK 键存储变更。

注意：如果帧参数发生变化，则必须重新测试程序是否会发生碰撞。

2. 更改机器人位置的操作步骤

1）设置运行方式 T1，将光标放在要改变的指令行里。

2）将机器人移到所要的位置。

3）单击更改键。指令相关的联机表格自动打开。

4）对于 PTP 和 LIN 运动，按下 Touchup（修整），以便确认 TCP 的当前位置为新的目标点；对于 CIRC 运动，按 Touchup HP（修整辅助点），以便确认 TCP 的当前位置为新的辅助点，或者按 Touchup ZP（修整目标点），以便确认 TCP 的当前位置为新的目标点。

5）单击“是”确认安全询问。

6）用软键 OK 键存储变更。

3. 更改运动参数的操作步骤

可更改的参数为运动方式、速度、加速度、轨迹逼近、轨迹逼近距离。

1）将光标放在需要改变的指令行里。

2）单击软键更改键。指令相关的联机表格自动打开。

3）更改参数。

4）用软键 OK 键存储变更。

注意：更改运动参数后必须重新检查程序是否会引发碰撞，并且确认更改后的指令是可靠的。

三、存档和还原机器人程序操作步骤

1. 存档操作步骤

1）选择菜单序列“文件”>“存档”>“USB（KCP）”或者“USB（控制柜）”以及所需的选项。

2）单击“是”确认安全询问。

当存档过程结束时，将在信息窗口中显示出来。

3）当 U 盘上的 LED 指示灯熄灭之后，可将其取下。

2. 还原操作步骤

1）打开菜单序列“文件”>“还原”，然后选择所需的子项。

2）单击“是”确认安全询问。已存档的文件在机器人控制系统里重新恢复。当恢复过程结束时，屏幕出现相关的消息。

3）如果已从 U 盘完成还原，拔出 U 盘。

4）重新启动机器人控制系统。

※ 课后作业

在任务实施过程中，你能回答出以下问题吗？

1. 机器人再现速度如何修改?

2. 更改了起始位置后必须注意什么?

3. 修正或是更改了程序点后必须注意什么?

4. 能否在还原机器人程序操作未完成时拔出 U 盘?

成功了吗？　检查了吗？　评价了吗？　反馈了吗？

分值（10分）评价 项目	自我评价	小组评价	教师综合评价
感兴趣程度			
任务明确程度			
学习主动性			
工作表现			
协作精神			
时间观念			
任务完成熟练程度			
理论知识掌握程度			
任务完成效果			
文明安全生产			
总评			

学习任务三 机器人程序中的基本逻辑功能

知识目标

1. 掌握简单逻辑指令的编程。
2. 理解相关信号的等待功能的编程。

能力目标

1. 能够熟练应用简单的逻辑指令。
2. 学会执行简单的切换功能。

任务描述

将任务一的程序复制创建一个副本程序，并根据任务要求执行 KUKA 机器人程序中的逻辑功能。

具体的任务要求：

1. 在离开 HOME 位置前，应从 PLC 中发出开通信号（输入端 11）。

2. 从直线过渡到弧线上时，应接通信号指示灯，该指示灯在圆弧结束时重新熄灭（输出端 12）。

3. 在完成加工回到 HOME 位置时，PLC 应收到完成信息。发给 PLC 的该信号（输出端 11）应停留 2 秒钟。

※ 知识链接

一、关于逻辑编程

为了实现与机器人控制系统外围设备的通信，可使用数字式和模拟式输入端和输出端，如图 4-3-1 所示。对 KUKA 机器人编程时，使用的是逻辑指令的输入端和输出端信号。

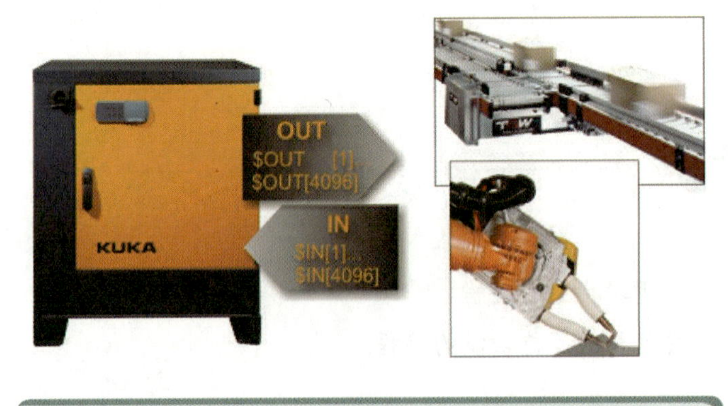

图 4-3-1 数字输入 / 输出端

1. OUT

OUT：在程序中的某个位置上关闭输出端。

2. WAIT FOR

WAIT FOR：与信号有关的等待功能，控制系统在此等待的信号可以是输入端 IN、输出端 OUT、定时信号 TIMER 或控制系统内部的存储地址（标记 / 1 比特内存）FLAG 或者 CYCFLAG（如果循环式地连续分析）。

3. WAIT

WAIT：与时间相关的等待功能，控制器根据输入的时间在程序中的该位置上等待。

逻辑的基本概念如表 4-3-1 所示。

表 4-3-1 逻辑基本编程概念解释

概 念	解 释	示 例
通信	通过接口交换信号	询问状态（抓爪打开 / 闭合）
外围设备	“周围设备 ”	工具（例如：抓爪、焊钳等）、传感器、材料输送系统等
数字式	数字技术：离散的数值和时间信号	传感器信号：工件存在：值 1（TRUE/ 真）；工件不存在：值 0（FALSE/ 假）

续表

概　念	解　　释	示　　例
模拟式	模拟一个物理量	温度测量
输入端	通过现场总线接口到达控制器的信号	传感器信号：抓爪已打开 / 抓爪已闭合
输出端	通过现场总线接口从控制系统发送至外围设备的信号	用于闭合抓爪的阀门切换指令

二、等待功能的编程

1. 计算机预进

计算机预进时预先读入运动语句，以便控制系统能够在有轨迹逼近指令时进行轨迹设计。但处理的不仅仅是预进运动数据，而且还有数学的和控制外围设备的指令，如图 4–3–2 所示。

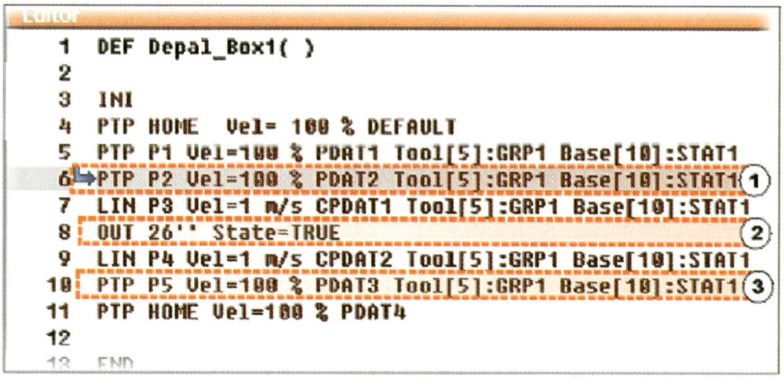

```
Editor
 1  DEF Depal_Box1( )
 2
 3  INI
 4  PTP HOME  Vel= 100 % DEFAULT
 5  PTP P1 Vel=100 % PDAT1 Tool[5]:GRP1 Base[10]:STAT1
 6  PTP P2 Vel=100 % PDAT2 Tool[5]:GRP1 Base[10]:STAT1   ①
 7  LIN P3 Vel=1 m/s CPDAT1 Tool[5]:GRP1 Base[10]:STAT1
 8  OUT 26'' State=TRUE                                  ②
 9  LIN P4 Vel=1 m/s CPDAT2 Tool[5]:GRP1 Base[10]:STAT1
10  PTP P5 Vel=100 % PDAT3 Tool[5]:GRP1 Base[10]:STAT1   ③
11  PTP HOME Vel=100 % PDAT4
12
13  END
```

①主运行指针（灰色语句条）
②触发预进停止的指令语句
③可能的预进指针位置（不可见）

图 4–3–2　计算机预进

某些指令将触发一个预进停止。其中包括影响外围设备的指令，如 OUT 指令（抓爪关闭，焊钳打开）。如果预进指针暂停，则不能进行轨迹逼近。

2. 等待功能

（1）WAIT

用 WAIT 可以使机器人的运动按编程设定的时间暂停。WAIT 总是触发一次预进停止。

运动程序中的等待功能可以很简单地通过联机表格进行编程，如图 4–3–3 所示，其中，WAIT Time（等待时间）≥ 0 s。在这种情况下，等待功能被区分为与时间有关的等待功能和与信号有关的等待功能。

图 4-3-3　WAIT 的联机表格

程序举例如图 4-3-4 所示。

```
PTP P1 Vel=100% PDAT1
PTP P2 Vel=100% PDAT2
WAIT Time=2 sec
PTP P3 Vel=100% PDAT3
```

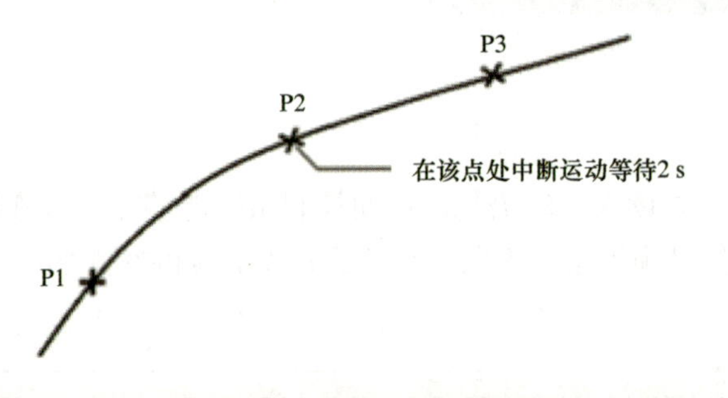

图 4-3-4　逻辑运动示例

（2）WAIT FOR

WAIT FOR 设定一个与信号有关的等待功能。

需要时可将多个信号（最多 12 个）按逻辑连接。如果添加了一个逻辑连接，则联机表格（图 4-3-5）中会出现用于附加信号和其他逻辑连接的栏，其中 WAIT FOR 联机表格各栏说明如表 4-3-2 所示。

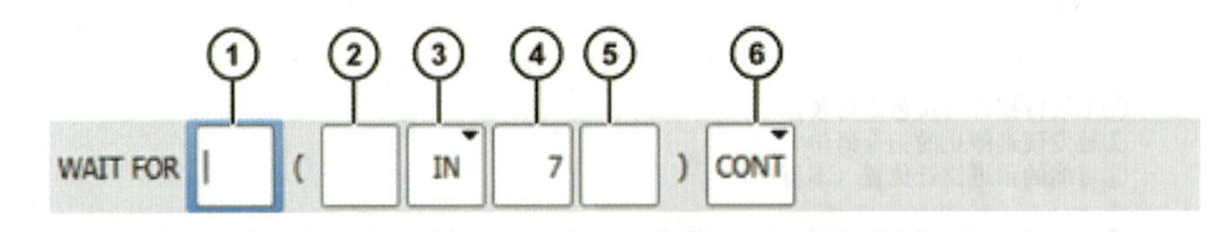

图 4-3-5　WAIT FOR 的联机表格

表 4-3-2　WAIT FOR 的联机表格各栏说明

序　号	说　　明
①	添加外部连接（运算符位于加括号的表达式之间）： 1）AND 2）OR 3）EXOR 添加 NOT： 1）NOT 2）［空白］ 用相应的按键添加所需的运算符

续表

序　号	说　明
②	添加内部连接（运算符位于一个加括号的表达式内）： 1）AND 2）OR 3）EXOR 添加 NOT： 1）NOT 2）[空白] 用相应的按键添加所需的运算符
③	等待的信号： 1）IN 2）OUT 3）CYCFLAG 4）TIMER 5）FLAG
④	信号的编号：1 ～ 4 096
⑤	如果信号已有名称则会显示出来 仅限于专家用户组使用：通过点击长文本可输入名称，名称可以自由选择
⑥	1）CONT：在预进过程中加工 2）[空白]：带预进停止的加工

3. 逻辑连接

在应用与信号相关的等待功能时也会用到逻辑连接。用逻辑连接可将对不同信号或状态的查询组合起来，例如可定义相关性或排除特定的状态，如图 4-3-6 所示。

一个具有逻辑运算符的函数始终以一个真值为结果，即最后始终给出“真”（值 1）或“假”（值 0）。

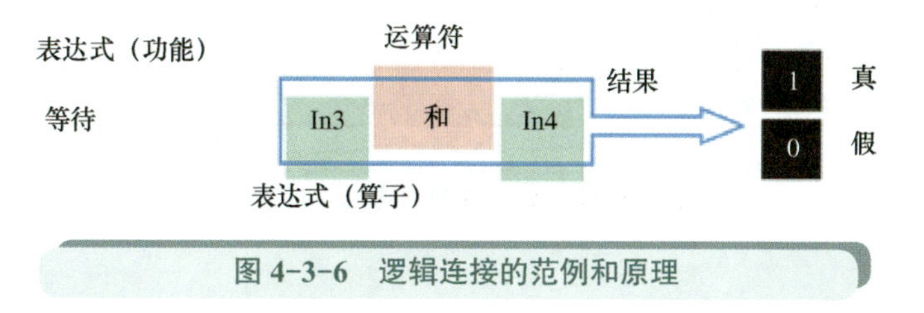

图 4-3-6　逻辑连接的范例和原理

逻辑连接的运算符为：

1）NOT：该运算符用于否定，即使值逆反（由“真”变为“假”）。

2）AND：当连接的两个表达式为真时，该表达式的结果为真。

3）OR：当连接的两个表达式中至少一个为真时，该表达式的结果为真。

4）EXOR：当由该运算符连接的命题有不同的真值时，该表达式的结果为真。

4. 有预进和没有预进的加工（CONT）

与信号有关的等待功能在有预进或者没有预进的加工下都可以进行编程设定。没有预进表示，在任何情况下都会将运动停在某点，并在该处检测信号，如图 4-3-7 所示，即该点不能轨迹逼近。

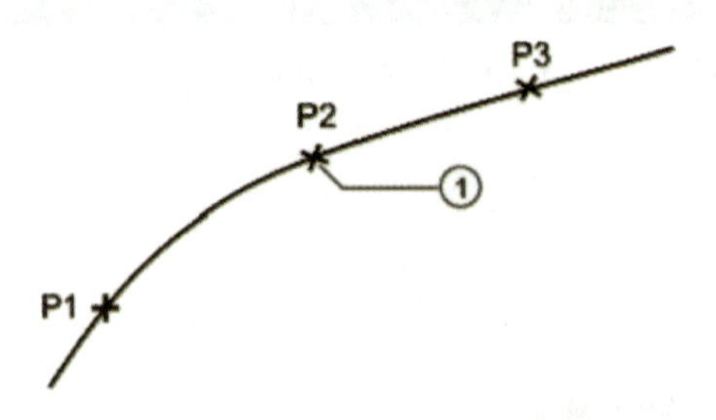


```
PTP P1 Vel=100% PDAT1
PTP P2 CONT Vel=100% PDAT2
WAIT FOR IN 10 'door_signal'
PTP P3 Vel=100% PDAT3
```

图 4-3-7　逻辑运动示例

有预进编程设定的与信号有关的等待功能允许在指令行前创建的点进行轨迹逼近。但预进指针的当前位置却不唯一（标准值：三个运动语句），因此无法明确确定信号检测的准确时间，如图 4-3-8 所示。除此之外，信号检测后也不能识别信号更改。

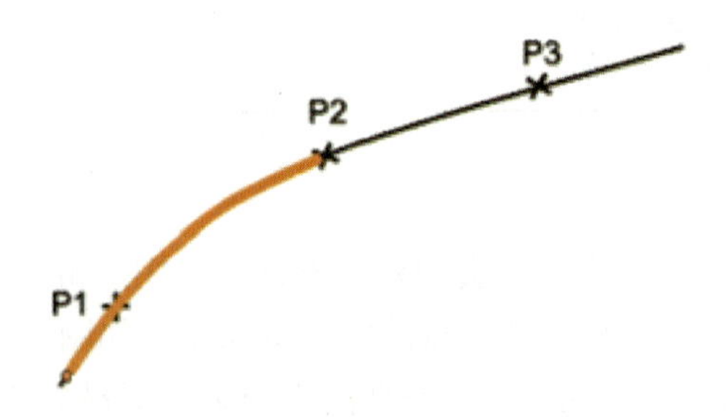


```
PTP P1 Vel=100% PDAT1
PTP P2 CONT Vel=100% PDAT2
WAIT FOR IN 10 'door_signal'CONT
PTP P3 Vel=100% PDAT3
```

图 4-3-8　带预进的逻辑运动示例

5. 操作步骤

1）将光标放到其后应插入逻辑指令的一行上。

2）选择菜单序列“指令”>“逻辑”>“WAIT FOR”或“WAIT”。

3）在联机表格中设置参数。

4）用“指令 OK”保存指令。

三、简单切换功能的编程

1. 简便的切换功能

通过切换功能可将数字信号传送给外围设备。为此要使用先前相应分配给接口的输出端编号。如图 4-3-9 所示，信号设为静态，即它一直存在，直至赋予输出端另一个值。切换功能在程序中通过联机表格（图 4-3-10）实现。其中，联机表格 OUT 各栏说明如表 4-3-3 所示。

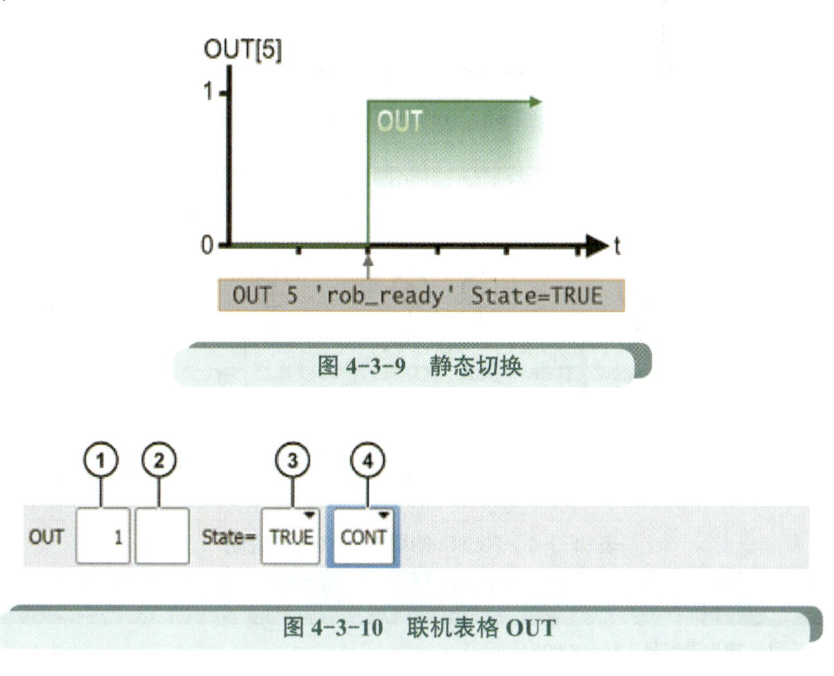

图 4-3-9　静态切换

图 4-3-10　联机表格 OUT

表 4-3-3　联机表格 OUT 各栏说明

序　号	说　　明
①	输出端编号：1 ~ 4 096
②	如果输出端已有名称则会显示出来 仅限于专家用户组使用：通过点击长文本可输入名称，名称可以自由选择
③	输出端接通的状态： 1）正确 2）错误
④	1）CONT：在预进中进行的编辑 2）［空白］：含预进停止的处理
小心：在使用条目 CONT 时必须注意：该信号是在预进中设置的	

2. 脉冲切换功能

与简单的切换功能一样，在此输出端的数值也变化。然而，在脉冲时，如图 4-3-11 所示，在定义的时间过去之后，信号又重新取消。编程同样使用联机表格，如图 4-3-12 所示，在该联机表格中给脉冲设置了一定的时间长度。其中，联机表格 PULSE 各栏说明如表 4-3-4 所示。

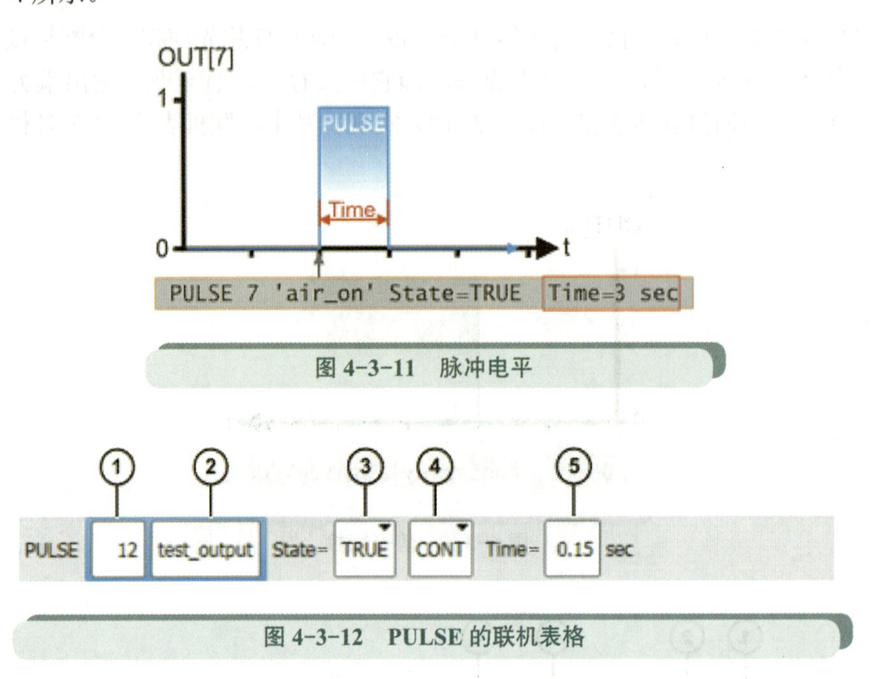

图 4-3-11 脉冲电平

图 4-3-12 PULSE 的联机表格

表 4-3-4 PULSE 的联机表格各栏说明

序 号	说 明
①	输出端编号：1 ～ 4 096
②	如果输出端已有名称则会显示出来 仅限于专家用户组使用：通过点击长文本可输入名称，名称可以自由选择
③	输出端接通的状态： 1）TRUE：“高”电平 2）FALSE：“低”电平
④	1）CONT：在预进过程中加工 2）［空白］：带预进停止的加工
⑤	脉冲长度：0.10 ～ 3.00 s

3. 在切换功能时 CONT 的影响

如果在 OUT 联机表格中去掉条目 CONT，则在切换过程时必须执行预进停止，并接着在切换指令前于点上进行精确暂停。给输出端赋值后继续该运动，程序如下：

```
LIN P1 Vel=0.2 m/s CPDAT1
LIN P2 CONT Vel=0.2 m/s CPDAT2
LIN P3 CONT Vel=0.2 m/s CPDAT3
OUT 5 'rob_ready' State=TRUE
LIN P4 Vel=0.2 m/s CPDAT4
```

在 OUT 联机表格中去掉条目 CONT 的含切换和预进停止的运动举例如图 4-3-13 所示。

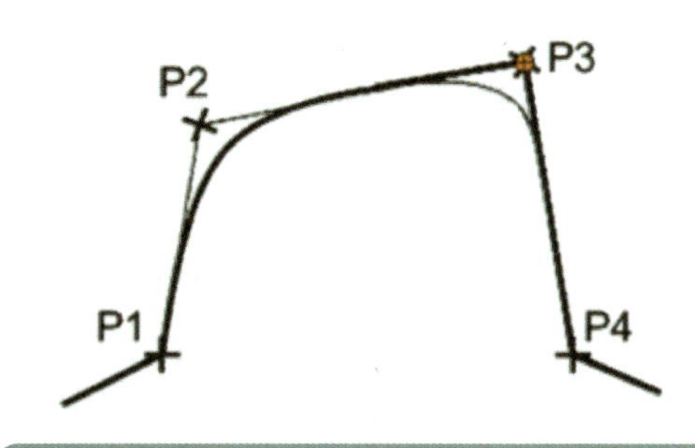

图 4-3-13　含切换和预进停止的运动举例

而插入条目 CONT 的作用是，预进指针不被暂停（不触发预进停止）。因此，在切换指令前运动可以轨迹逼近。在预进时发出信号，程序如下：

```
LIN P1 Vel=0.2 m/s CPDAT1
LIN P2 CONT Vel=0.2 m/s CPDAT2
LIN P3 CONT Vel=0.2 m/s CPDAT3
OUT 5 'rob_ready' State=TRUE CONT
LIN P4 Vel=0.2 m/s CPDAT4
```

在 OUT 联机表格中插入条目 CONT 的含切换和预进的运动举例如图 4-3-14 所示。

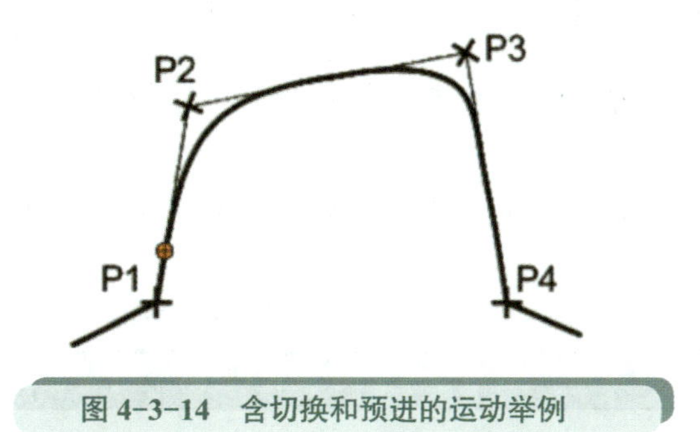

图 4-3-14　含切换和预进的运动举例

其中有一点是需要注意的，预进指针的标准值占三行，但预进是会变化的，因此必须考虑到，切换时间点不是保持不变的。

4. 操作步骤

1）将光标放到其后应插入逻辑指令的一行中。

2）选择菜单序列“指令”>“逻辑”>“OUT”>“OUT”或“PULSE”。

3）在联机表格中设置参数。

4）用“指令 OK”存储指令。

四、轨迹切换功能的编程

轨迹切换功能可以用来在轨迹的目标点上设置起点，而不需要中断机器人运动。其中，切换可分为“静态”（SNY OUT）和“动态”（SYN Pulse）两种。SYN OUT 5 切换的信号与 SYN PULSE 5 切换的信号相同。只有切换的方式会发生变化。

1. 选项 START/END（起始 / 终止）

可以运动语句的起始点或目标点为基准触发切换动作。切换动作的时间可推移。参照动作语句可以是 LIN、CIRC 或 PTP 运动。选项选择 START 进行起始，其联机表格 SYN OUT 如图 4-3-15 所示。选项选择 END 进行终止，其联机表格 SYN OUT 如图 4-3-16 所示。而 SYN OUT 联机表格各栏的说明如表 4-3-5 所示。

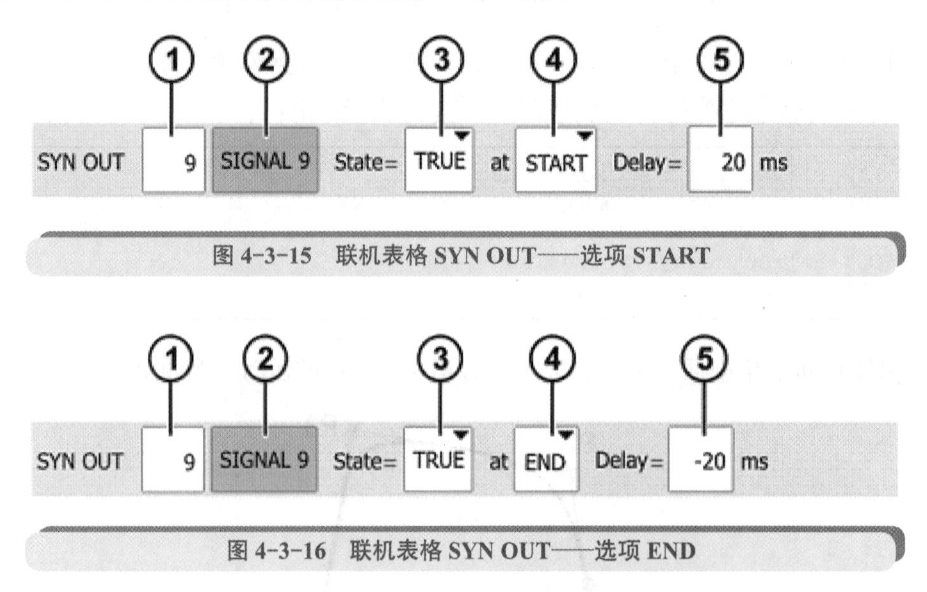

图 4-3-15　联机表格 SYN OUT——选项 START

图 4-3-16　联机表格 SYN OUT——选项 END

表 4-3-5　SYN OUT 联机表格各栏说明

序　号	说　　明
①	输出端编号：1～4 096
②	如果输出端已有名称则会显示出来 仅限于专家用户组使用：通过单击软键长文本可输入名称，名称可自由选择
③	输出端接通的状态： 1）TRUE 2）FALSE

续表

序 号	说 明
④	切换位置点： 1）START（起始）：以动作语句的起始点为基准切换 2）END（终止）：以动作语句的目标点为基准切换
⑤	切换动作的时间推移：-1 000 ～ +1 000 ms 提示：此时间数值为绝对值。视机器人的速度变化，切换点的位置将随之变化

2. 选项 PATH

用选项 PATH 可相对于运动语句的目标点触发切换动作。切换动作的位置和 / 或时间均可推移。动作语句可以是 LIN 或 CIRC 运动，但不能是 PTP 运动。选项选择 PATH 的 SYN OUT 联机表格如图 4-3-17 所示，其各栏说明如表 4-3-6 所示。

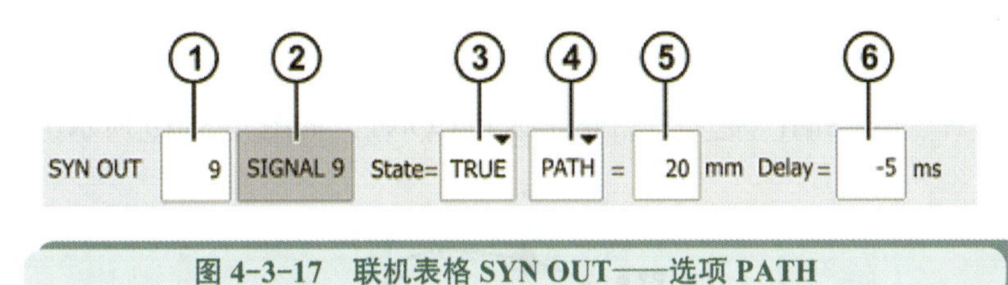

图 4-3-17 联机表格 SYN OUT——选项 PATH

表 4-3-6 联机表格 SYN OUT——选项 PATH 各栏说明

序 号	说 明
①	输出端编号：1 ～ 4 096
②	如果输出端已有名称则会显示出来 仅限于专家用户组使用：通过点击软键长文本可输入名称，名称可自由选择
③	输出端接通的状态： 1）TRUE 2）FALSE
④	切换位置点：PATH
⑤	切换动作的方位推移：-1 000 ～ +1 000 mm 提示：方位数据以动作语句的目标点为基准，因此，机器人速度改变时切换点的位置不变
⑥	切换动作的时间推移：-1 000 ～ +1 000 ms 提示：时间推移以方位推移为基准

3. 切换选项 Start/End（起始 / 终止）程序举例

程序举例 1：选项 Start（起始），如图 4-3-18 所示。其程序如下：

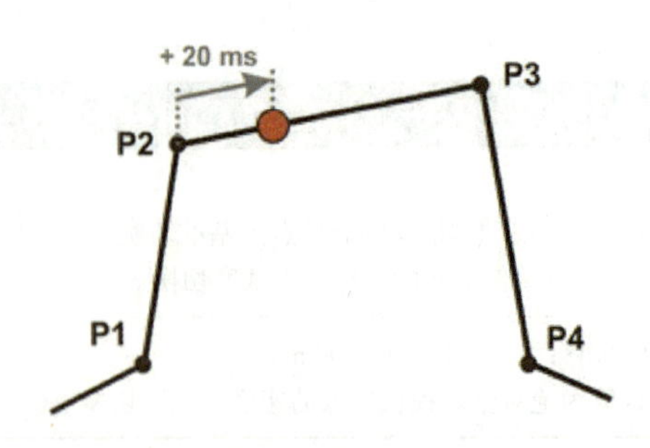

图 4-3-18　SYN OUT Start（起始）带正延迟

```
LIN P1 VEL=0.3 m/s CPDAT1
LIN P2 VEL=0.3 m/s CPDAT2
;Schaltfunktion bezogen auf P2
SYN OUT 8 'SIGNAL 8' State=TRUE at Start Delay=20 ms
LIN P3 VEL=0.3 m/s CPDAT3
LIN P4 VEL=0.3 m/s CPDAT4
```

程序举例 2：选项 Start（起始）带正延迟和 CONT，如图 4-3-19 所示。其程序如下：

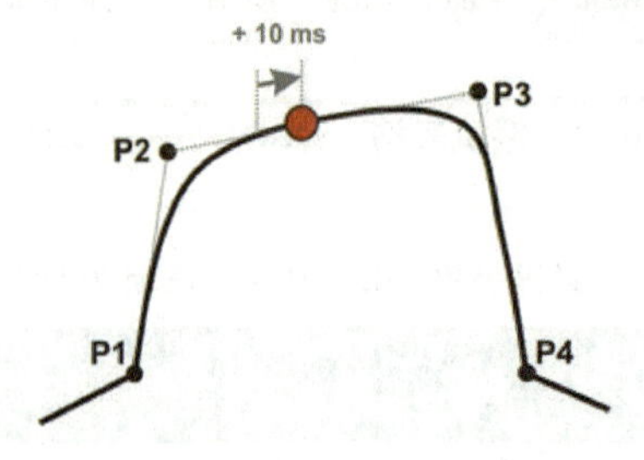

图 4-3-19　SYN OUT Start（起始）带正延迟和 CONT

```
LIN P1 VEL=0.3 m/s CPDAT1
LIN P2 CONT VEL=0.3 m/s CPDAT2
;Schaltfunktion bezogen auf P2
SYN OUT 8 'SIGNAL 8' State=TRUE at Start Delay=10 ms
LIN P3 CONT VEL=0.3 m/s CPDAT3
LIN P4 CONT VEL=0.3 m/s CPDAT4
```

程序举例 3：选项 End（终止）带负延迟，如图 4-3-20 所示。其程序如下：

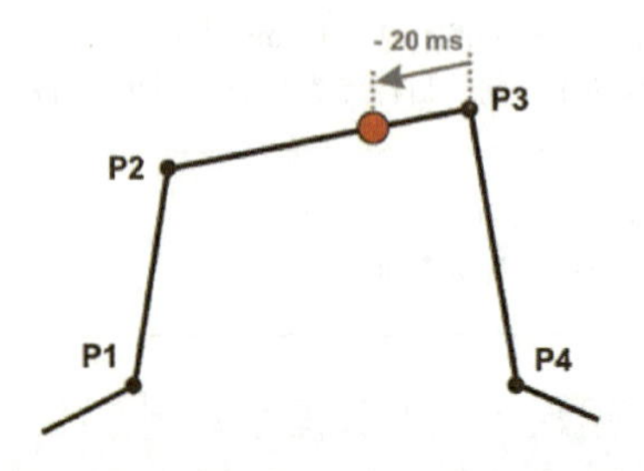

图 4-3-20　SYN OUT End（终止）带负延迟

```
LIN P1 VEL=0.3 m/s CPDAT1
LIN P2 VEL=0.3 m/s CPDAT2
;Schaltfunktion bezogen auf P3
SYN OUT 9 'SIGNAL 9' Status= TRUE at End Delay=-20 ms
LIN P3 VEL=0.3 m/s CPDAT3
LIN P4 VEL=0.3 m/s CPDAT4
```

程序举例 4：选项 End（终止）带负延迟和 CONT，如图 4-3-21 所示。其程序如下：

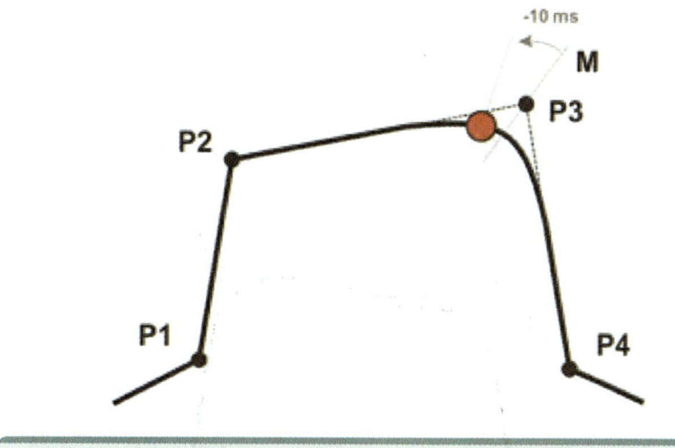

图 4-3-21　SYN OUT End（终止）带负延迟和 CONT

```
LIN P1 VEL=0.3 m/s CPDAT1
LIN P2 VEL=0.3 m/s CPDAT2
;Schaltfunktion bezogen auf P3
SYN OUT 9 'SIGNAL 9' Status=TRUE at End Delay=-10 ms
LIN P3 VEL=0.3 m/s CPDAT3
LIN P4 VEL=0.3 m/s CPDAT4
```

程序举例 5：选项 End（终止）带正延迟和 CONT，如图 4-3-22 所示。其程序如下：

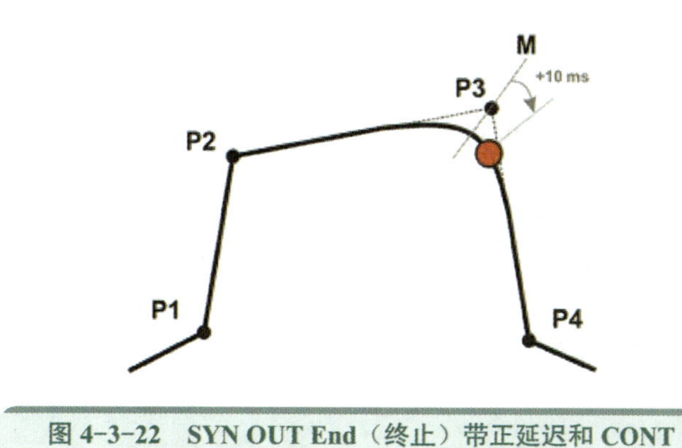

图 4-3-22　SYN OUT End（终止）带正延迟和 CONT

```
LIN P1 VEL=0.3 m/s CPDAT1
LIN P2 VEL=0.3 m/s CPDAT2
;Schaltfunktion bezogen auf P3
SYN OUT 9 'SIGNAL 9' Status=TRUE at End Delay=10 ms
LIN P3 VEL=0.3 m/s CPDAT3
LIN P4 VEL=0.3 m/s CPDAT4
```

4. 切换选项“路径”程序举例

如图 4-3-23 所示，铣刀必须切换到轨迹上。在 P3 后 20 mm 处应流畅地开始部件加工操作。为了使铣刀在（Path=20）P3 后 20 mm 处达到最高转速，必须提前 5 ms（Delay=-5ms）将其接通。其程序如下：

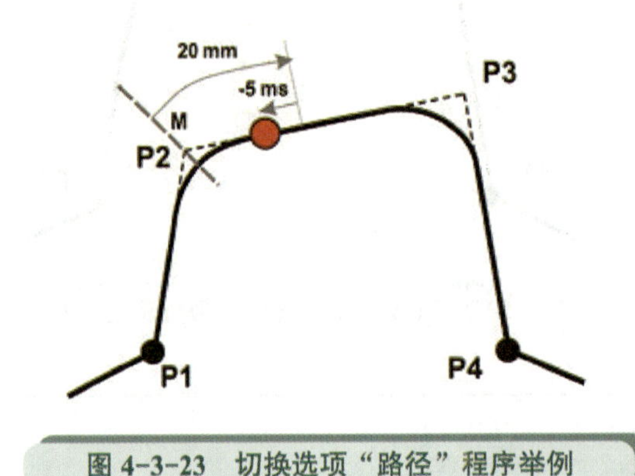

图 4-3-23 切换选项“路径”程序举例

```
LIN P1 VEL=0.3 m/s CPDAT1
; Schaltfunktion bezogen auf P2
SYN OUT 9 'SIGNAL 9' Status=True Path=20 Delay=-5 ms
LIN P2 CONT VEL=0.3 m/s CPDAT2
LIN P3 CONT VEL=0.3 m/s CPDAT3
LIN P4 VEL=0.3 m/s CPDAT4
```

5. 轨迹切换功能编程操作步骤

1）将光标放到其后应插入逻辑指令的一行上。

2）选择菜单序列“指令”>“逻辑”>“OUT”>“SYN OUT”或“SYN PULSE”。

3）在联机表格中设置参数。

4）用“指令 OK”保存指令。

※ 任务实施

```
1    DEF   wsy02( )
2    INI
3    PTP HOME Vel=100% DEFAULT
4    WAIT FOR ( IN 2 '')
5    PTP P1 Vel=100% PDAT1 Tool[1]:wsy2 Base[0]
6    LIN P2 Vel=0.3 m/s CPDAT1 Tool[1]:wsy2 Base[0]
7    LIN P3 Vel=0.3 m/s CPDAT1 Tool[1]:wsy2 Base[0]
8    OUT 12 '' State=TURE
9    CIRC P4 P5  Vel=0.3 m/s CPDAT1 Tool[1]:wsy2 Base[0]
10    OUT 12 '' State=FALSE
11    LIN P6 Vel=0.3 m/s CPDAT1 Tool[1]:wsy2 Base[0]
12    LIN P7 Vel=0.3 m/s CPDAT1 Tool[1]:wsy2 Base[0]
13    PTP HOME Vel=100% DEFAULT
14    PULSE OUT 11 '' State=TURE CONT Time=2.00 sec
15    END
```

※ 课后作业

在任务实施过程中，你能回答出以下问题吗？

1. OUT 和 OUT CONT 指令之间有何区别？必须注意些什么？

2. 如何区分 PULSE 和 OUT 指令？

3. 何时使用 SYN OUT 指令？

4. 同时使用 WAIT FOR 指令和 CONT 指令时会有哪些危险？

成功了吗？ 检查了吗？ 评价了吗？ 反馈了吗？

项目 \ 分值（10 分）\ 评价	自我评价	小组评价	教师综合评价
感兴趣程度			
任务明确程度			
学习主动性			
工作表现			
协作精神			
时间观念			
任务完成熟练程度			
理论知识掌握程度			
任务完成效果			
文明安全生产			
总评			

模块五 KUKA 机器人的编程应用

学习任务一 KUKA 机器人写字绘图

知识目标

1. 掌握机器人在线示教的基本操作步骤。
2. 掌握基本指令和简单逻辑指令的使用。

能力目标

1. 能够手动操作机器人。
2. 能够根据具体应用要求选择相应的机器人坐标系。
3. 能够进行工具测量、基坐标测量等。
4. 能够合理使用运动指令及逻辑指令。
5. 能够基于 KUKA 控制器的工业机器人工作站进行编程示教。
6. 能够熟练选择运行模式，查找问题原因。

任务描述

利用实训室的 KUKA 机器人，根据任务要求进行程序创建和轨迹及简单逻辑编程，轨迹如图 5-1-1 所示。

具体的任务要求：

1. 在 R1/PROGRAM/1701 文件夹下创建以学生姓名拼音 + 日期的 Module。
2. 按要求进行轨迹编程，工作台上的移动速度为 0.3 m/s。

3．机器人离开 HOME 后等待 1 s，然后进入工作台区域。

图 5-1-1　任务轨迹

※ 知识链接

一、在线示教及其特点

由操作人员手持示教器引导，控制机器人运动，记录机器人作业的程序点并插入所需的机器人命令来完成程序的编制。如图 5-1-2 所示，典型的示教过程是依靠操作者观察机器人及其末端夹持工具相对于作业对象的位姿，通过对示教器的操作，反复调整程序点处机器人的作业位姿、运动参数和工艺条件，再转入下一程序点的示教。为示教方便及获取信息的快捷、准确，操作者可以选择在不同的坐标系下手动操作机器人。整个示教过程完成后，机器人自动运行（再现）示教时记录存储的数据，通过插补运算，就可以重复再现在程序点上记录的机器人位姿。

采用在线示教作业任务编程一般具有如下特点：

1）利用机器人有较高的重复定位精度优点，降低了系统误差对机器人运动绝对精度的影响。

2）要求操作者有专业知识和熟练的操作技能，近距离示教操作，有一定的危险性，安全性较差。

3）示教过程烦琐、费时，需要根据作业任务反复调整末端执行器的位姿，占用了大量时间，时效性较差 。

4）机器人在线示教精度完全靠操作者的经验目测决定，对于复杂运动轨迹难以取得令人满意的示教效果 。

5）机器人示教时关闭与外围设备联系的功能。对需要根据外部信息进行实时决策的应用就显得无能为力 。

基于上述特点，采用在线示教的方式是目前比较常用的示教方式。

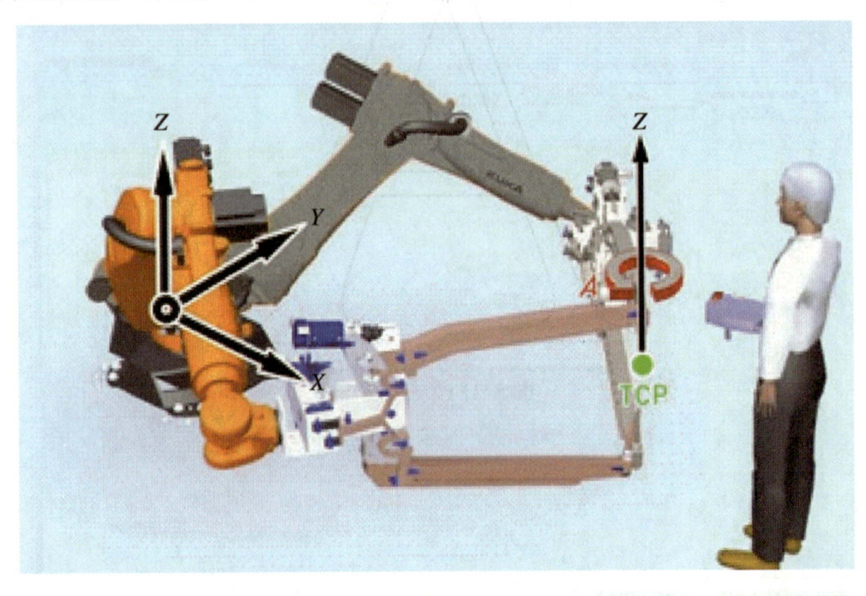

图 5-1-2　工业机器人的在线示教

二、机器人在线示教的基本步骤

对于工业机器人的在线示教过程可以参照图 5-1-3 所示流程进行开展，具体的操作步骤如下：

1. 示教前的准备

在开始示教前，请做好如下准备工作：

1）工件表面清理。在真正的工业加工中，需要使用专业工具将工件表面清理干净。

2）工件夹装。利用夹具将工件固定在机器人工作台上。

3）安全确认。确认自己和机器人之间保持安全的距离。

4）机器人原点确认。确认机器人原点处于与工件、夹具等互不干涉的位置，且是最有利作业位置。

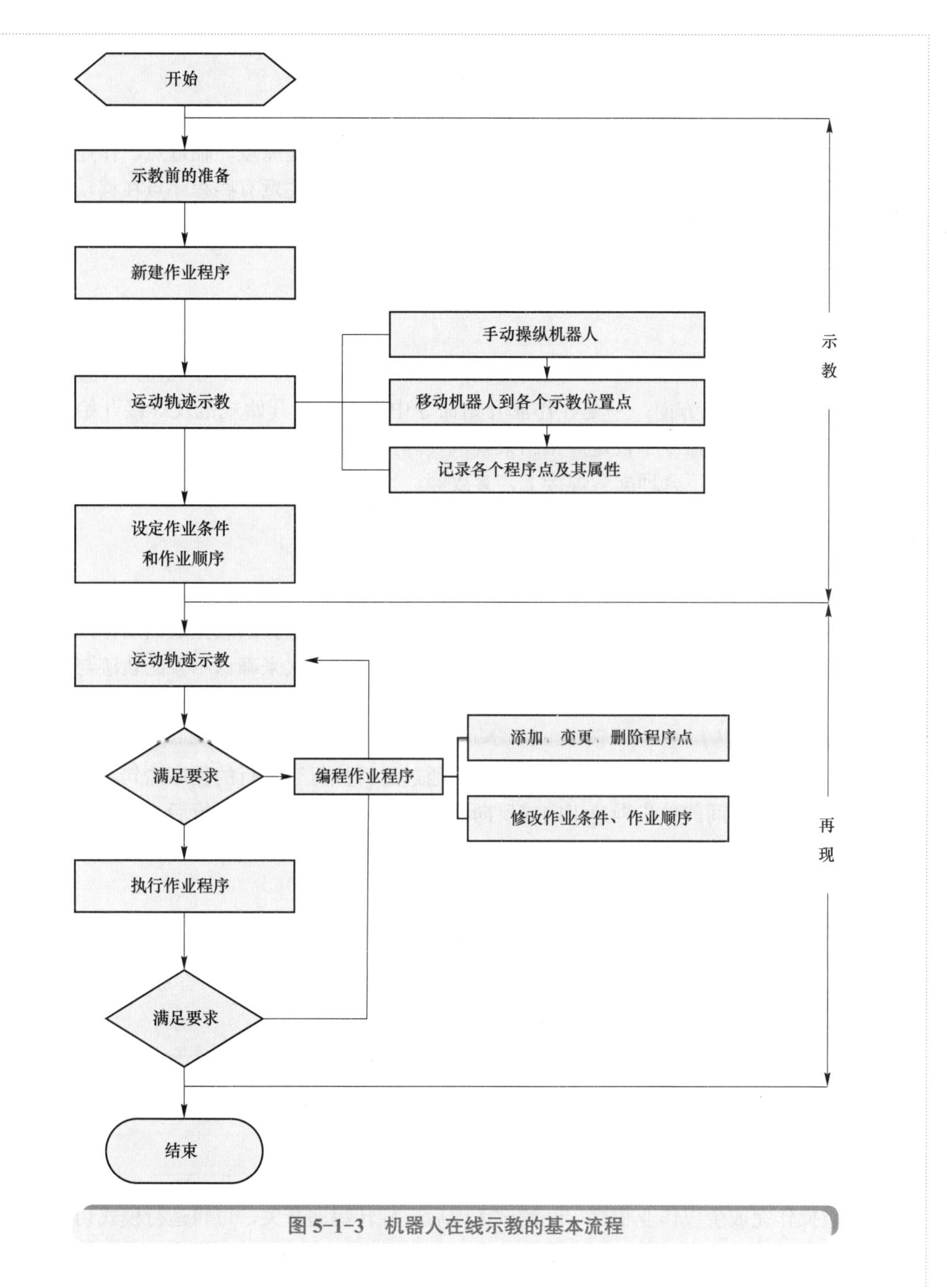

图 5-1-3　机器人在线示教的基本流程

2. 新建作业程序

作业程序是用机器人语言描述机器人工作单元的作业内容，主要用于登录示教数据和机器人指令。根据任务要求，通过示教器新建一个程序，如以学生姓名简写＋日期为名创建一个新程序“ZL0720”，即代表学生张丽 7 月 20 日所建的程序，这样更有利于学生养成一个编程的好习惯，不至于因程序多了、时间久了而找不到程序。

3. 程序点的输入

按照前面章节所学的手动操纵机器人要领移动机器人到所要示教的程序点位置，一般在示教之前就应规划好所要示教的程序点，如程序点的类型是原点、临近点、作业点还是规避点等，同时要考虑作业条件以及作业顺序，并且一定要注意有些程序点在移动时，要处于工件、夹具等互不干涉的位置，最后一定要记得将所示教的程序点进行记录存储，否则机器人不会记得所调试过的轨迹。

4. 设定作业条件

在实际的机器人编程示教中，是需要调试人员进行设定的。以工业机器人焊接作业为例，一般涉及以下三方面：一是在作业开始命令中设定焊接开始规范及焊接开始动作次序；二是在焊接结束命令中设定焊接结束规范及焊接结束动作次序；三是手动调节保护气体流量、在编辑模式下合理配置焊接工艺参数等。

5. 检查试运行

在完成机器人运动轨迹和作业条件输入后，需试运行测试一下程序，以便检查各程序点及参数设置是否正确，这就是跟踪。跟踪的主要目的就是检查示教生成的动作以及末端工具的姿态是否已记录。一般工业机器人可采用以下跟踪方式来确认示教的轨迹与期望是否一致。

- 单步低速运转。

一般首次示教完成后，采用该跟踪方式。通过逐行执行当前行的程序语句，机器人实现两个临近程序点间的单步慢速正向或反向移动。结束一行程序的执行后，机器人动作暂停，需再次按下确认键。

- 连续高速运转。

一般在单步低速运转后，可采用该跟踪方式。通过连续执行作业程序，从程序的当前行执行到程序的末尾，机器人完成多个程序点的正向连续运行。

确认机器人附近无人后，按以下顺序执行作业程序的测试运行：

1）选定要测试的程序文件。

2）移动光标至期望跟踪程序点所在命令行，进行语句行选择。

3）按住示教器上的确认键，实现机器人的单步或连续运转。

6. 再现作业

示教操作完成生成作业程序，经测试无误后，旋转钥匙开关，可将运行模式切换到自动运行 / 外部自动运行，通过运行示教过的程序即可完成对工件的再现作业。自动运行和外部自动运行在前文已经讲过，不再赘述。

在确认机器人的运行范围内没有其他人员或障碍物后，若采用自动运行模式实现再现作业时：

1）选定再现的作业程序，并对程序进行复位。

2）转动用于连接管理器的钥匙开关，切换运行模式到自动运行，选择完运行方式

后，将用于连接管理器的钥匙开关再次转回初始位置。

3）按示教器上的确认键进行伺服供电。

4）按下启动键，机器人开始运行。

至此，机器人对于一些简单的作业示教与再现操作完毕。

※ 任务实施

一、TCP 测量

对于本任务来说，机器人末端执行器为写字笔，用其完成字母轨迹的编程示教，那么首先要做的就是确定各程序点处工具中心点（TCP）的位姿。对于写字而言，工具中心点一般设置在写字笔的笔尖上。那么请采用 XYZ 4 点法确定工具坐标系的原点，采用 ABC 2 点法确定坐标系的方向，并将调试完成的 TCP 结果填入下表。

工具号：　　　　　　　　　　工具名称：　　　　　　　　　　测量误差：

X		A	
Y		B	
Z		C	

二、程序创建

1. 示教前的准备

示教前，请做如下准备：

1）确认自己和机器人之间保持安全距离。

2）机器人原点确认。

2. 新建作业程序

通过示教器的相关菜单或按钮，新建一个作业程序，以学生姓名拼音 + 日期命名的 Module。

3. 程序点的输入

参考程序：

```
1    DEF WANGSHENGYI0920()
2    INI
3
4    PTP HOME  Vel= 100% DEFAULT
5    PTP P1 Vel=100% PDAT1 Tool[1]:wsy2 Base[0]
```

```
6   WAIT Time=1 sec
7   LIN P2 Vel=0.3 m/s CPDAT1 Tool[1]:wsy2 Base[0]
8   LIN P3 Vel=0.3 m/s CPDAT2 Tool[1]:wsy2 Base[0];
9   LIN P4 Vel=0.3 m/s CPDAT3 Tool[1]:wsy2 Base[0];
10   CIRC P5 P6 Vel=0.3 m/s CPDAT4 Tool[1]:wsy2 Base[0];
11   LIN P7 Vel=0.3 m/s CPDAT5 Tool[1]:wsy2 Base[0];
12   LIN P8 Vel=0.3 m/s CPDAT6 Tool[1]:wsy2 Base[0];
13   LIN P9 Vel=0.3 m/s CPDAT7 Tool[1]:wsy2 Base[0];
14   LIN P10 Vel=0.3 m/s CPDAT8 Tool[1]:wsy2 Base[0];
15   CIRC P11 P12 Vel=0.3 m/s CPDAT9 Tool[1]:wsy2 Base[0];
16   LIN P13 CONT Vel=0.3 m/s CPDAT10 Tool[1]:wsy2 Base[0];
17   LIN P14 Vel=0.3 m/s CPDAT11 Tool[1]:wsy2 Base[0];
18   LIN P15 Vel=0.3 m/s CPDAT12 Tool[1]:wsy2 Base[0];
19   CIRC P16 P17 Vel=0.3 m/s CPDAT13 Tool[1]:wsy2 Base[0];
20   LIN P18 Vel=0.3 m/s CPDAT14Tool[1]:wsy2 Base[0];
21   LIN P19 Vel=0.3 m/s CPDAT15 Tool[1]:wsy2 Base[0];
22   LIN P20 Vel=0.3 m/s CPDAT16 Tool[1]:wsy2 Base[0];
23   LIN P21 Vel=0.3 m/s CPDAT17 Tool[1]:wsy2 Base[0];
24   CIRC P22 P23 Vel=0.3 m/s CPDAT18 Tool[1]:wsy2 Base[0];
25   LIN P24 Vel=0.3 m/s CPDAT19 Tool[1]:wsy2 Base[0];
26   PTP P25 Vel=100% PDAT2 Tool[1]:wsy2 Base[0]
27   PTP P26 Vel=100% PDAT3 Tool[1]:wsy2 Base[0]
28   LIN P27 Vel=0.3 m/s CPDAT20 Tool[1]:wsy2 Base[0];
29   LIN P28 Vel=0.3 m/s CPDAT21 Tool[1]:wsy2 Base[0];
30   LIN P29 Vel=0.3 m/s CPDAT22 Tool[1]:wsy2 Base[0];
31
32   PTP HOME  Vel= 100% DEFAULT
33
34   END
```

4. 设定作业条件

本任务为简单的作业程序示教，因此不涉及设定作业条件。

5. 检查试运行

确认机器人周围安全，按如下操作进行跟踪测试作业程序。

1）选定要测试的程序文件。

2）单击状态显示栏“R”，在出现的下拉菜单中，选择“程序复位”，即可对程序进行复位或移动光标至期望跟踪程序点所在命令行，进行语句行选择。

3）按住示教器上的确认键进行伺服供电，按启动键实现机器人的单步或连续运转。

6. 再现写字

在确认机器人的运行范围内没有其他人员或障碍物后，若采用自动运行模式实现再现作业，则：

1）选定再现的作业程序，并对程序进行复位。

2）转动用于连接管理器的钥匙开关，切换运行模式到自动运行，选择完运行方式后，将用于连接管理器的钥匙开关再次转回初始位置。

3）按示教器上确认键进行伺服供电。

4）按下启动键，机器人开始运行。

至此，本任务机器人简单的写字作业示教与再现操作完毕。

※ 课后作业

在任务实施完成后，你能回答出以下问题吗？

1. 什么是机器人在线示教?

2. 机器人在线示教的基本步骤有哪些?

3. 一般机器人在线示教前需要做好哪些准备工作?

4. 一般工业机器人可采用哪些跟踪方式来确认示教的轨迹与期望是否一致?

成功了吗？　检查了吗？　评价了吗？　反馈了吗？

分值（10分）评价 / 项目	自我评价	小组评价	教师综合评价
感兴趣程度			
任务明确程度			
学习主动性			
工作表现			
协作精神			
时间观念			
任务完成熟练程度			
理论知识掌握程度			
任务完成效果			
文明安全生产			
总评			

学习任务二 KUKA 机器人搬运操作

知识目标

1. 掌握搬运机器人的系统组成及功能。
2. 掌握搬运机器人在线示教的基本操作步骤。
3. 掌握基本指令和简单逻辑指令的使用。

能力目标

1. 能够手动操作机器人。
2. 能够根据具体应用要求选择相应的机器人坐标系。
3. 能够进行工具测量、基坐标测量等。
4. 能够合理使用运动指令及逻辑指令。
5. 能够基于 KUKA 控制器的工业机器人搬运工作站进行编程示教。
6. 能够熟练选择运行模式，查找问题原因。

任务描述

利用实训室的 KUKA 机器人，根据任务要求进行程序创建，轨迹及简单逻辑编程。

具体的任务要求：

1．在 R1/PROGRAM/1701 文件夹下创建以学生姓名拼音＋日期命名的 Module。

2．要求机器人通过气动手爪夹具将工作台 1 上的模块从 A 位置搬运到工作台 2 上的 B 位置，如图 5-2-1 所示。

3．按要求进行轨迹编程，机器人的移动速率为 50%。

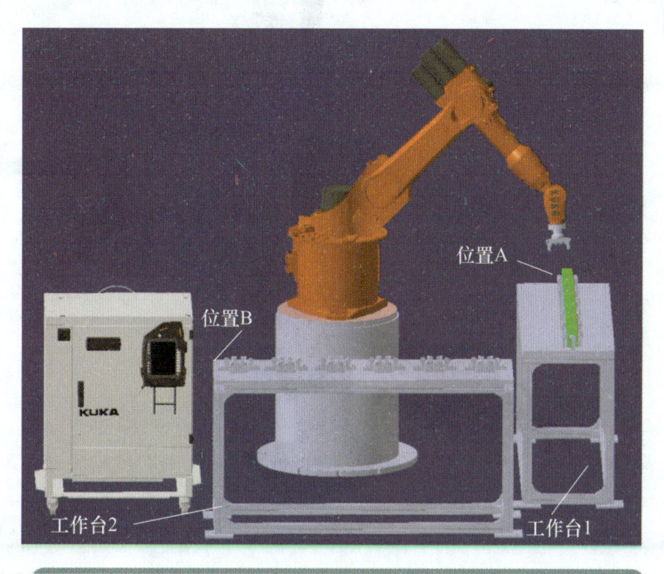

图 5-2-1　KUKA 机器人搬运任务

※ 知识链接

搬运机器人是经历了人工搬运、机械手搬运两个阶段后出现的自动化搬运作业设备。为了满足高效的生产任务，解放多余劳动力，提高生产效率，减少生产成本，缩短生产周期，搬运机器人便应运而生，它可以代替人工进行货物的分类、搬运和装卸工作或代替人类搬运危险物品，如放射性物质、有毒物质等，降低工人的劳动强度，提高生产和工作效率，保证了工人的人身安全，实现自动化、智能化、无人化。

一、搬运机器人的分类及特点

搬运机器人结构形式和其他类型的工业机器人基本相似，只是在实际制造生产中逐渐变得多机型，以适应实际的生产需要。从结构形式上看，搬运机器人可分为龙门式搬运机器人、悬臂式搬运机器人、侧壁式搬运机器人、摆臂式搬运机器人和关节式搬运机器人，如图 5-2-2 所示。

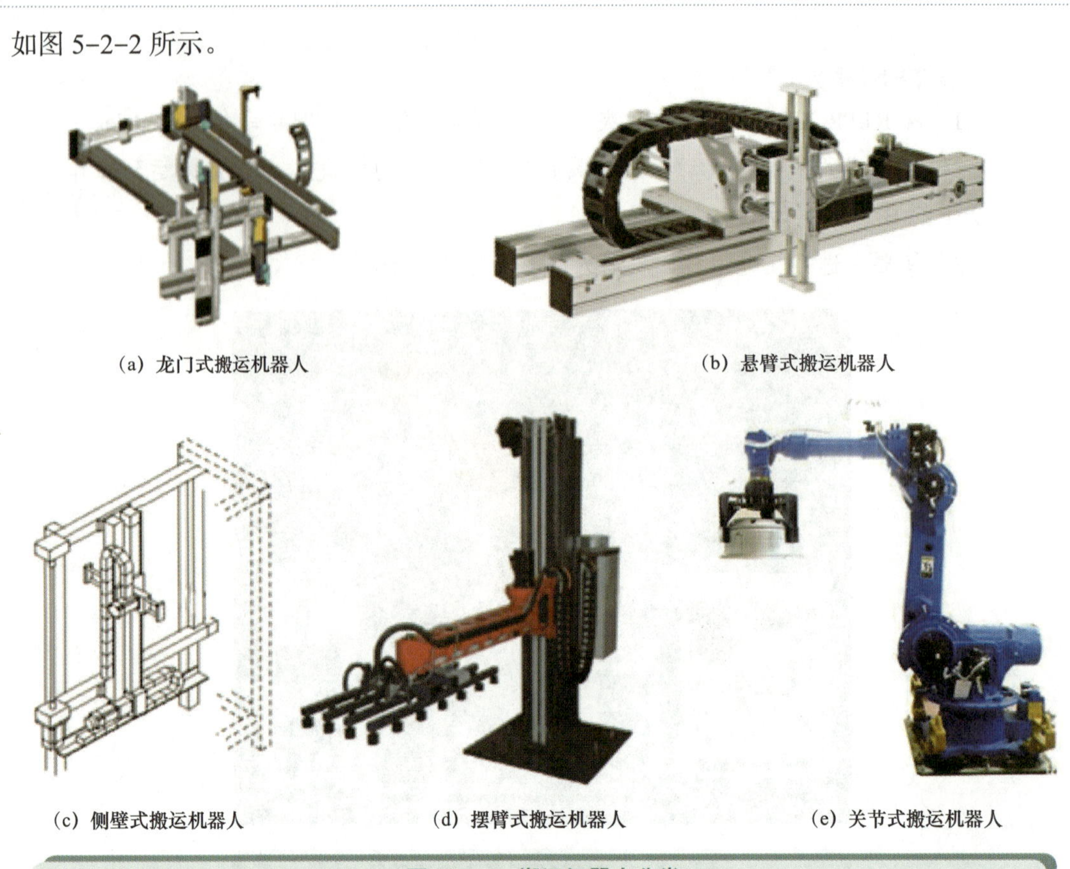

(a) 龙门式搬运机器人　(b) 悬臂式搬运机器人　(c) 侧壁式搬运机器人　(d) 摆臂式搬运机器人　(e) 关节式搬运机器人

图 5-2-2　搬运机器人分类

其中，龙门式、悬臂式、侧壁式和摆臂式搬运机器人均在直角式坐标系下作业，工作的方式主要是完成沿着 X、Y、Z 轴的线性移动，因此，其适应范围相对较窄、针对性较强，不能满足对放置位置、相位等有特别要求的工件的搬运需求。而关节式搬运机器人是当今工业产业中常见的机型之一，其拥有 5～6 个轴，行为动作类似于人的手臂，具有结构紧凑、占地空间小、相对工作空间大、自由度高等特点，适合于几乎任何轨迹或角度的工作。

综上所述，直角式（桁架式）搬运机器人和关节式搬运机器人在实际运用中都有如下特性：

1）能够实时调节动作节拍、移动速率、末端执行器动作状态。

2）可更换不同末端执行器以适应物料形状的不同，方便、快捷。

3）能够与传送带、移动滑轨等辅助设备集成，实现柔性化生产。

4）占地面积相对小、动作空间大，减少厂源限制。

二、关节式搬运机器人的系统组成

关节式搬运机器人能在任意区域内沿寻迹线行走，自动绕开障碍，并能停在指定地点来识别不同货物并放在不同的指定地点，它的操作手能对货物进行升降、抓紧或放下等工作。对于关节式搬运机器人来说，其工作站主要由操作机、控制系统、搬运系统（气体发生装置、真空发生装置和手爪等）和安全保护装置组成，如图 5-2-3 所示。操作者可以通过示教器和操作面板进行搬运机器人运动轨迹的示教编程。

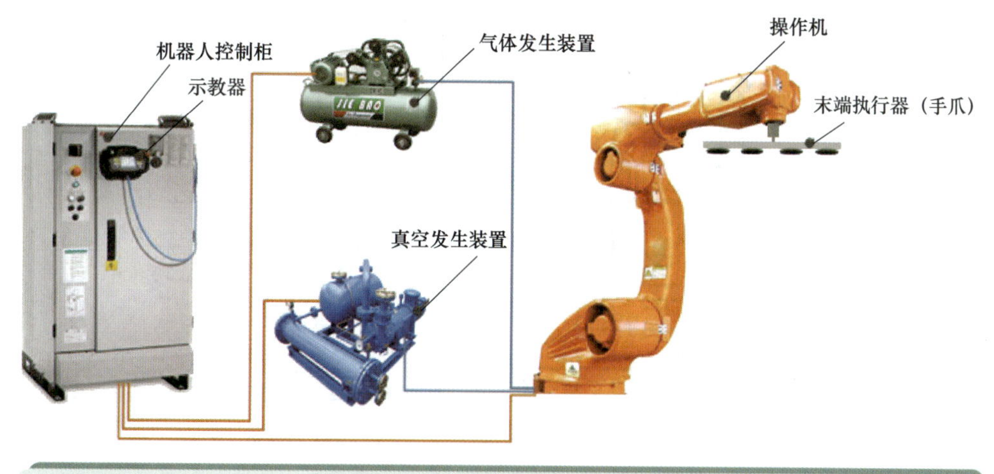

图 5-2-3　关节式搬运机器人系统组成

其中，常见的关节式搬运机器人操作机（即机器人本体）一般有 4 ～ 6 个轴，如图 5-2-4 所示，关节式搬运机器人本体在结构设计上与其他关节式工业机器人本体类似，在负载较轻时两者本体是可以互换的，但负载较重时，则应采用专门的搬运机器人。六轴搬运机器人本体部分具有回转、抬臂、前伸、手腕旋转、手腕弯曲和手腕扭转 6 个独立旋转关节，多数情况下五轴搬运机器人略去手腕旋转这一关节，四轴搬运机器人则略去了手腕旋转和手腕弯曲这两个关节运动。

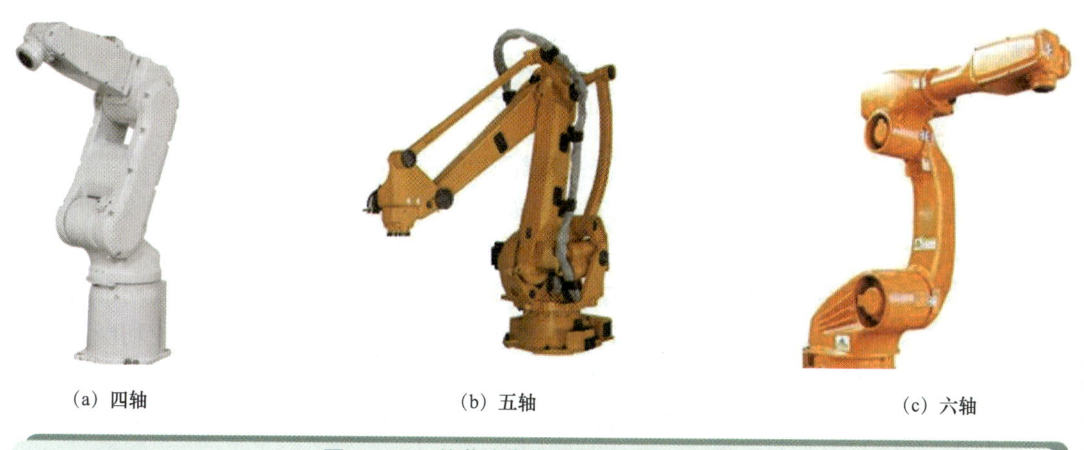

(a) 四轴　(b) 五轴　(c) 六轴

图 5-2-4　关节式搬运机器人本体运动轴

对于搬运机器人的末端执行器来说，它就是夹持工件移动的一种工具，即手爪。一般常见的搬运机器人末端执行器有吸附式、夹钳式和仿人式等。

1. 吸附式

吸附式末端执行器是依靠吸附力来抓取物料或工件的，而依据吸力的不同可分为气吸附和磁吸附。

（1）气吸附

气吸附主要是利用吸盘内压力和大气压之间的压力差进行工作，依据压力差分为真空吸盘吸附、气流负压气吸附、挤压排气负压气吸附等，工作原理如图 5-2-5 所示。

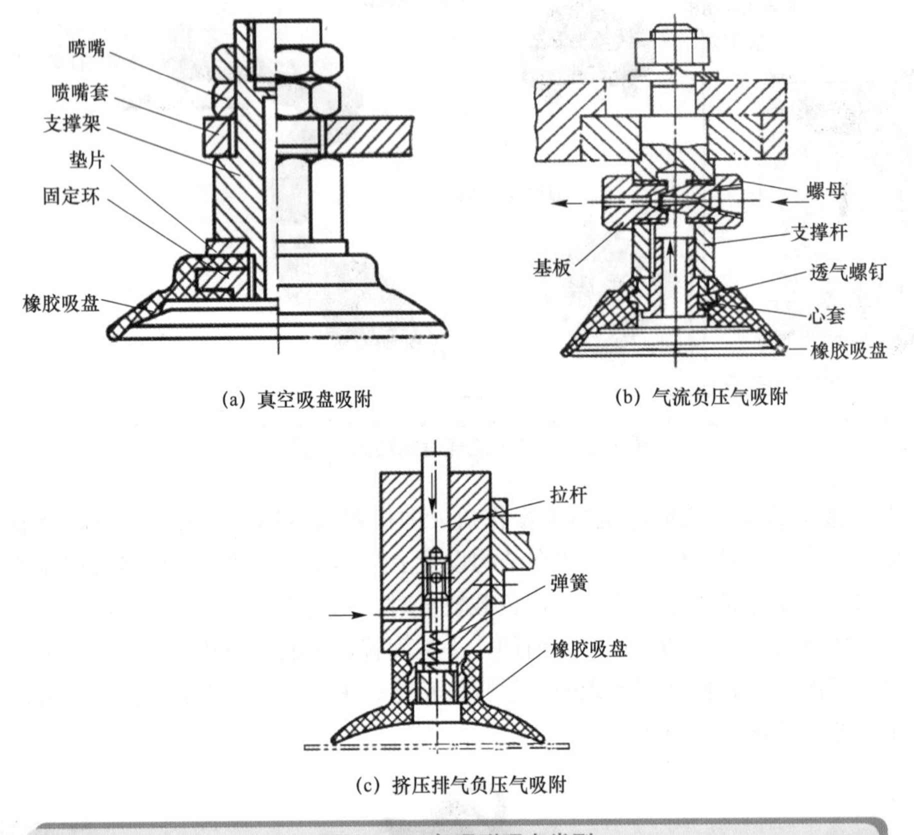

(a) 真空吸盘吸附　(b) 气流负压气吸附

(c) 挤压排气负压气吸附

图 5-2-5　气吸附吸盘类型

1）真空吸盘吸附是通过连接真空发生装置和气体发生装置实现抓取和释放工件，工作时，真空发生装置将吸盘与工件之间的空气吸走使其达到真空状态，此时，吸盘内的气压小于吸盘外大气压，工件在外部压力的作用下被抓取。

2）气流负压气吸附是利用流体力学原理，通过压缩空气（高压）高速流动带走吸盘内气体（低压）使吸盘内形成负压，同样利用吸盘内外压力差完成取件动作，切断压缩空气随即消除吸盘内负压，完成释放工件动作。

3）挤压排气负压气吸附是利用吸盘变形和拉杆移动改变吸盘内外部压力完成工件吸取和释放动作。

（2）磁吸附

磁吸附利用磁力进行吸取工件，常见的磁力吸盘分为永磁吸盘、电磁吸盘、电永磁吸盘等，工作原理如图 5-2-6 所示。

1）永磁吸盘是利用磁力线通路的连续性及磁场叠加性而工作，永磁吸盘的磁路为多个磁系，通过磁系之间的相互运动来控制工作磁极面上的磁场强度的强弱，进而实现工件的吸附和释放动作。

2）电磁吸盘是利用内部激磁线圈通直流电后产生磁力而吸附导磁性工件。

3）电永磁吸盘是利用永磁磁铁产生磁力，利用激磁线圈对吸力大小进行控制，起到“开、关”作用。电永磁吸盘结合了永磁吸盘和电磁吸盘的优点，应用前景十分广泛。

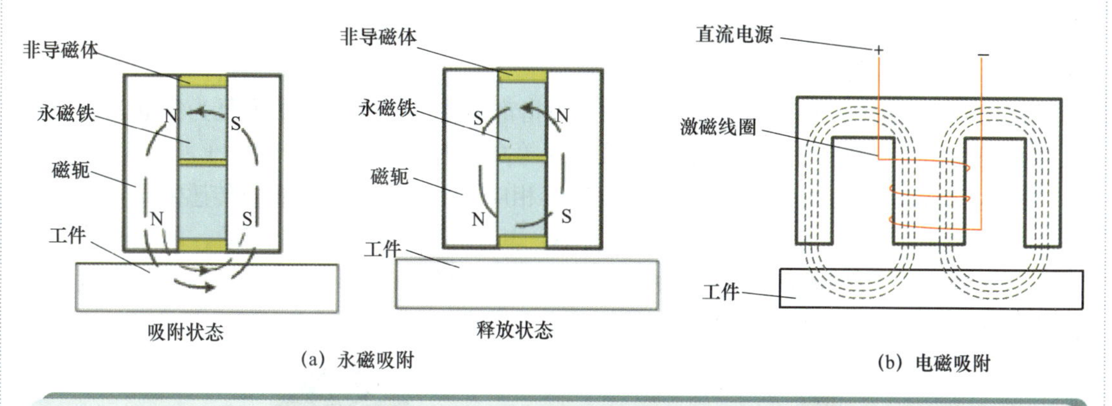

图 5-2-6 磁吸附吸盘类型

2. 夹钳式

夹钳式通常采用手爪拾取工件，类似于人手夹取一样，是现代工业机器人比较常用的一种形式。通过手爪的开启、闭合实现对工件的夹取，由手爪、驱动机构、传动机构、连接和支承元件组成。多用于负载重、高温、表面质量不高等吸附式无法进行工作的场合。常见手爪按前端形状分为 V 形爪、平面形爪、尖形爪等。

1）V 形爪：常用于圆柱形工件，其加持稳固可靠，误差相对较小，如图 5-2-7 所示。

2）平面形爪：多数用于加持方形工件（至少有两个平行面，如方形包装盒等）、厚板或者短小棒料，如图 5-2-8 所示。

3）尖形爪：常用于加持复杂场合小型工件，避免与周围障碍物相碰撞，也可加持炽热工件，避免搬运机器人本体受到热损伤，如图 5-2-9 所示。

图 5-2-7 V 形爪　　图 5-2-8 平面形爪　　图 5-2-9 尖形爪

另外，根据被抓取工件形状、大小及抓取部位的不同，爪面形式常有平滑爪面、齿形爪面和柔性爪面。其中，平滑爪面就是指爪面很光滑平整，多数用来加持已加工好的工件表面，保证加工表面无损伤；齿形爪面指爪面刻有齿纹，主要目的是增加与加持工件的摩擦力，确保加持稳固可靠，常用于加持表面粗糙毛坯或半成品工件；而柔性爪面一般是内镶有橡胶、泡沫、石棉等物质，起到增加摩擦、保护已加工工件表面、隔热等作用，多用于加持已加工工件、炽热工件、脆性或薄壁工件等。

3. 仿人式

仿人式末端执行器是针对特殊外形工件进行抓取的一类手爪，主要包括柔性手和多指灵巧手。

1）柔性手：具有多关节柔性手腕，每个手指有多个关节链，手指传动部分由摩擦轮和牵引丝组成，工作时通过一根牵引线收紧另一根牵引线放松实现抓取。其用于抓取不规则、圆形等轻便工件，如图 5-2-10 所示。

2）多指灵巧手：包括多根手指，每根手指都包含 3 个回转自由度且为独立控制，可实现精确操作，广泛应用于核工业、航天工业等高精度作业，如图 5-2-11 所示。

搬运机器人夹钳式、仿人式手爪需要连接相应外部信号控制装置及传感系统，以控制搬运机器人手爪实时的动作状态及力的大小，其手爪驱动方式多为气动、电动和液压驱动，对于轻型和中型的零件采用气动手爪，对于重型的零件采用液压手爪，对于精度要求高或复杂的场合则采用伺候手爪。

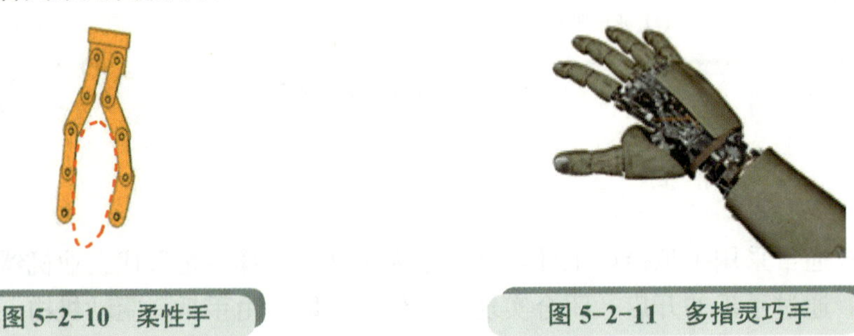

图 5-2-10　柔性手

图 5-2-11　多指灵巧手

三、搬运机器人的作业示教

现以模锻工件搬运为例，如图 5-2-12 所示，选择关节式（六轴）搬运机器人，末端执行器为夹钳式，采用在线示教方式为机器人输入搬运作业程序。此程序由编号 1 ～ 10 的 10 个程序点组成，每个程序点的用途说明如表 5-2-1 所示。具体作业编程可参照图 5-2-13 所示流程开展，详细的操作步骤与任务实施中相类似，不再赘述。

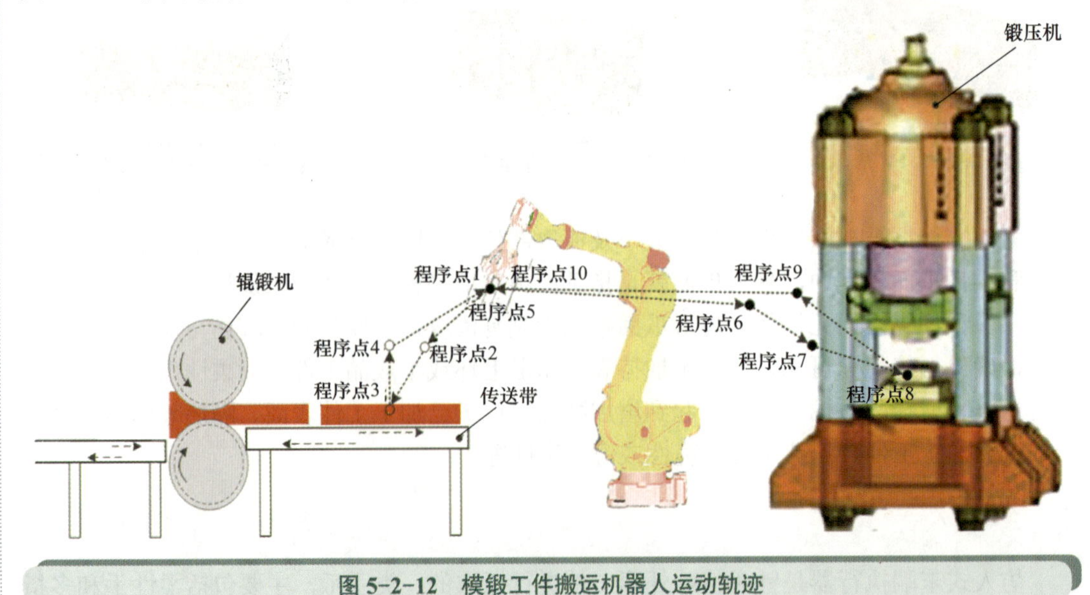

图 5-2-12　模锻工件搬运机器人运动轨迹

表 5-2-1　程序点说明（模锻工件搬运作业）

程序点	说　明	焊钳动作
程序点 1	机器人原点	
程序点 2	作业临近点	
程序点 3	搬运作业点	抓取
程序点 4	搬运中间点	抓取
程序点 5	搬运中间点	抓取
程序点 6	搬运中间点	抓取
程序点 7	搬运中间点	抓取
程序点 8	搬运作业点	放置
程序点 9	搬运规避点	
程序点 10	机器人原点	

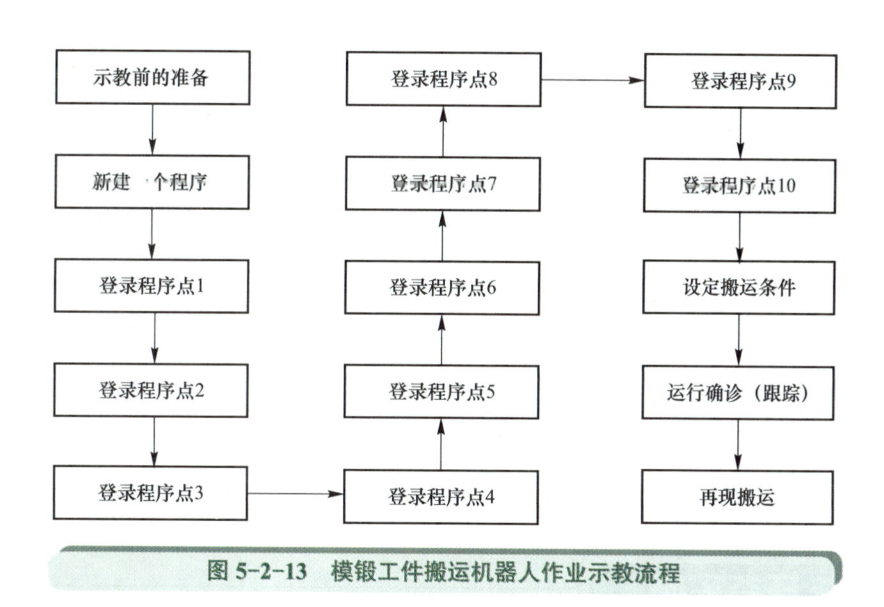

图 5-2-13　模锻工件搬运机器人作业示教流程

四、周边设备

常见的搬运机器人辅助装置有增加移动范围的滑移平台、合适的搬运系统装置和安全保护装置等。

1. 滑移平台

对于某些搬运场合，由于搬运空间特别大，搬运机器人的末端执行器无法实现指定搬运位置或位姿，此时就可以通过增加外部轴的形式增加机器人的自由度。其中，增加滑移平台是搬运机器人增加自由度最常用的方法，可安装在地面上或龙门框架上，如图 5-2-14 所示。

(a) 地面安装 (b) 龙门架安装

图 5-2-14 滑移平台安装形式

2. 搬运系统

搬运系统主要包括真空发生装置、气体发生装置、液压发生装置等，此部分装置均为标准件。一般情况下，真空发生装置和气体发生装置均满足吸盘和气动夹钳所需动力，企业常用空气控压站对整个车间提供压缩空气和抽真空；液压发生装置的动力元件一般布置在搬运机器人周围，执行元件与夹钳一体，需要安装在搬运机器人末端法兰盘上，与气动夹钳相类似。

3. 安全保护装置

搬运机器人的安全保护装置一般包含安全围栏、门互锁开关、安全光幕和安全垫等。最常用的是机器人单元的门互锁开关，打开此装置可暂停机器人。

※ 任务实施

一、TCP 测量

对于本任务来说，搬运机器人的末端执行器是气动夹钳，那么首先要做的就是确定各程序点处工具中心点（TCP）的位姿。对于气动夹钳而言，工具中心点一般设置在法兰中心线与手爪前端面交点处，那么请采用 XYZ 4 点法确定工具坐标系的原点，采用 ABC 2 点法确定坐标系的方向，并将调试完成的 TCP 结果填入下表。

工具号：　　　　　　工具名称：　　　　　　测量误差：

X		A	
Y		B	
Z		C	

二、程序创建

1. 示教前的准备

示教前，请做如下准备：

1）确认自己和机器人之间保持安全距离。

2）机器人原点确认。

2. 新建作业程序

通过示教器的相关菜单或按键，新建一个作业程序，以学生姓名拼音＋日期命名的Module。

3. 程序点的输入

参考程序：

```
1    DEF WANGSHENGYI0920()
2    INI
3
4    PTP HOME  Vel= 100% DEFAULT
5    OUT 2 '' State=FALSE
6    OUT 3 '' State= FALSE
7    PTP P1 Vel=50% PDAT1 Tool[1]:wsy2 Base[0]
6    LIN P2 Vel=1 m/s CPDAT1 Tool[1]:wsy2 Base[0]
7    WAIT Time=0.5 sec
8    OUT 2 '' State= TRUE
9    OUT 3 '' State= FALSE
10   WAIT Time=0.5 sec
11   LIN P3 Vel=1 m/s CPDAT2 Tool[1]:wsy2 Base[0];
12   PTP P4 Vel=50% PDAT2 Tool[1]:wsy2 Base[0]
13   PTP P5 Vel=50% PDAT3 Tool[1]:wsy2 Base[0]
14   LIN P6 Vel=1 m/s CPDAT3 Tool[1]:wsy2 Base[0];
15   WAIT Time=0.5 sec
16   OUT 2 '' State= FALSE
17   OUT 3 '' State= TRUE
18   WAIT Time=0.5 sec
```

```
19   LIN P7 Vel=1 m/s CPDAT4 Tool[1]:wsy2 Base[0];


20
21   PTP HOME  Vel= 100% DEFAULT
22
23   END
```

4. 设定作业条件

本任务搬运机器人的作业程序简单易懂，与其他六关节机器人程序均有相似之处，本例中搬运作业条件的输入，主要涉及以下几个方面：

1）在作业开始命令中设定搬运开始规范及搬运开始动作次序。

2）在搬运结束命令中设定搬运结束规范及搬运结束动作次序。

3）手动调节手爪的加持力。依据实际情况，在编辑模式下合理选择配置搬运工艺参数。

5. 检查试运行

确认搬运机器人周围安全，按如下操作进行跟踪测试作业程序。

1）选定要测试的程序文件。

2）单击状态显示栏“R”，在出现下拉菜单中，选择“程序复位”，即可对程序进行复位或移动光标至期望跟踪程序点所在命令行，进行语句行选择。

3）按住示教器上的确认键进行伺服供电，按启动键实现机器人的单步或连续运转。

6. 再现搬运

在确认搬运机器人的运行范围内没有其他人员或障碍物后，若采用自动运行模式实现再现作业，则：

1）选定再现的作业程序，并对程序进行复位。

2）转动用于连接管理器的钥匙开关，切换运行模式到自动运行，选择完运行方式后，将用于连接管理器的钥匙开关再次转回初始位置。

3）按示教器上的确认键进行伺服供电。

4）按下启动键，搬运机器人开始运行。

至此，本任务搬运机器人简单的搬运作业示教与再现操作完毕。

※ 课后作业

在任务实施完成后，你能回答出以下问题吗？

1. 从结构形式上看，搬运机器人可分为哪几种?

2. 对于关节式搬运机器人来说，其工作站一般主要由哪些部分组成?

3. 搬运机器人常见的末端执行器主要有哪几种?

4. 夹钳式搬运机器人的 TCP 一般设置在哪里?

5. 简述气吸附与磁吸附的异同。

成功了吗？　检查了吗？　评价了吗？　反馈了吗？

分值（10分）评价 项目	自我评价	小组评价	教师综合评价
感兴趣程度			
任务明确程度			
学习主动性			
工作表现			
协作精神			
时间观念			
任务完成熟练程度			
理论知识掌握程度			
任务完成效果			
文明安全生产			
总评			

学习任务三
KUKA 机器人焊接操作

知识目标

1. 掌握焊接机器人的系统组成及功能。
2. 掌握弧焊机器人在线示教的基本操作步骤。
3. 掌握基本指令和简单逻辑指令的使用。

能力目标

1. 能够手动操作机器人。
2. 能够根据具体应用要求选择相应的机器人坐标系。
3. 能够进行工具测量、基坐标测量等。
4. 能够合理使用运动指令及逻辑指令。
5. 能够基于 KUKA 控制器的工业机器人弧焊工作站进行编程示教。
6. 能够熟练选择运行模式，查找问题原因。

任务描述

利用实训室的 KUKA 机器人，根据任务要求进行程序创建、轨迹及简单逻辑编程。

具体的任务要求：

1. 在 R1/PROGRAM/1701 文件夹下创建以学生姓名拼音 + 日期命名的 Module。

2. 要求机器人通过弧焊机器人和变位机完成骑坐式管板船型焊作业，如图 5-3-1 所示，所要焊接的工件如图 5-3-2 所示。

3. 按要求进行轨迹编程。

图 5-3-1 KUKA 机器人焊接任务

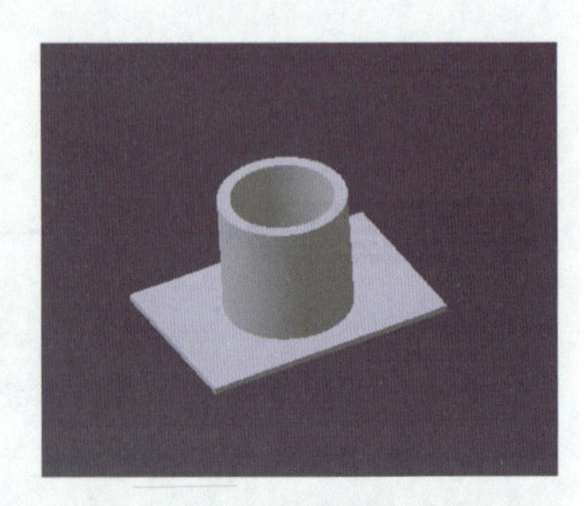

图 5-3-2 焊接工件

※ 知识链接

对于焊接加工来说，一方面对焊工的实践经验和焊接水平具有很高要求；另一方面，焊接又是一种劳动条件差、烟尘多、热辐射大、危险性高的工作。焊接机器人的出现，不仅减轻了焊工的劳动强度，也保证了焊接质量，提高了生产效率，而且，随着先进制造技术的发展，焊接产品制造的自动化、柔性化与智能化已成为必然趋势。

一、焊接机器人的分类及特点

焊接机器人其实就是在焊接生产领域代替焊工从事焊接任务的工业机器人。它是目前广泛使用的先进自动化焊接设备，具有通用性强、工作稳定的优点，并且操作简单、功能丰富，越来越受到人们的重视。而世界各国生产的焊接机器人基本上都属关节型机器人，绝大部分有 6 个轴，目前焊接机器人应用中比较普遍的主要有 3 种：点焊机器人、弧焊机器人和激光焊接机器人，如图 5-3-3 所示。

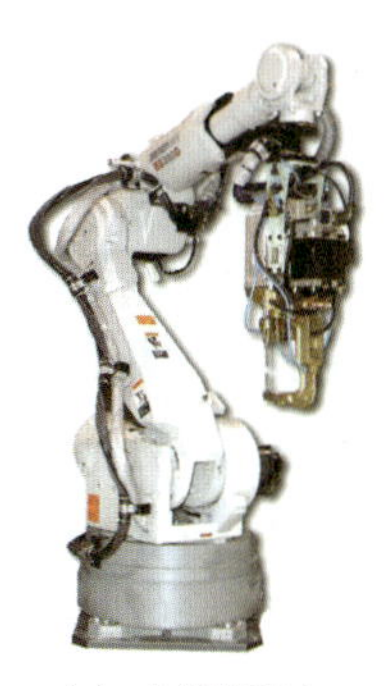

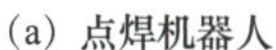

（a）点焊机器人　　（b）弧焊机器人　　（c）激光焊接机器人

图 5-3-3　焊接机器人分类

1. 点焊机器人

点焊机器人是用于点焊自动作业的工业机器人，其末端持握的作业工具是焊钳。实际上，工业机器人在焊接领域的应用最早是从汽车装配生产线上的电阻点焊开始的，如图 5-3-4 所示。

图 5-3-4　汽车车身的机器人点焊作业

一般来说，装配一台汽车车体需完成 3 000 ～ 5 000 个焊点，而其中约 60% 的焊点是由机器人完成的，点焊机器人已经成为汽车生产行业的支柱。因此，点焊机器人逐渐被要求有更全的作业性能，点焊用机器人不仅要有足够的负载能力，而且在点与点之间移位时速度要快捷，动作要平稳，定位要准确，以减少移位的时间，提高工作效率。具体来说其特点如下：

1）安装面积小，工作空间大；

2）快速完成小节距的多点定位（如每 0.3 ～ 0.4 s 移动 30 ～ 50 mm 节距后定位）；

3）定位精度高（±0.25 mm），以确保焊接质量；

4）持重大（50 ～ 150 kg），以便携带内装变压器的焊钳；

5）内存容量大，示教简单，节省工时；

6）点焊速度与生产线速度相匹配，同时安全可靠性好。

2. 弧焊机器人

弧焊机器人是用于弧焊（主要有熔化极气体保护焊和非熔化极气体保护焊，如图5-3-5所示）自动作业的工业机器人，其末端持握的工具是焊枪。事实上，弧焊过程比点焊过程要复杂得多，被焊工件由于局部加热熔化和冷却产生变形，焊缝轨迹会发生变化。同时，由于弧焊过程伴有强烈弧光、烟尘、熔滴过度不稳定，从而引起焊丝短路、大电流强磁场等复杂环境因素，机器人要检测和识别焊缝所需要的特征信号的提取并不像其他加工制造过程那么容易。因此，焊接机器人并不是一开始就被用于电弧焊作业的，而是伴随着焊接传感器的开发及其在焊接机器人中的应用，机器人弧焊作业的焊缝跟踪与控制问题得到有效解决，焊接机器人在汽车制造中的应用也相继从原来比较单一的汽车装配点焊很快发展为汽车零部件及其装配过程中的电弧焊。于是，弧焊工艺在诸多行业中得到普及，使得弧焊机器人在通用机械、金属结构等众多领域得到广泛应用，这使得其在数量上大有超过点焊机器人的趋势。

(a) 熔化极气体保护焊机器人

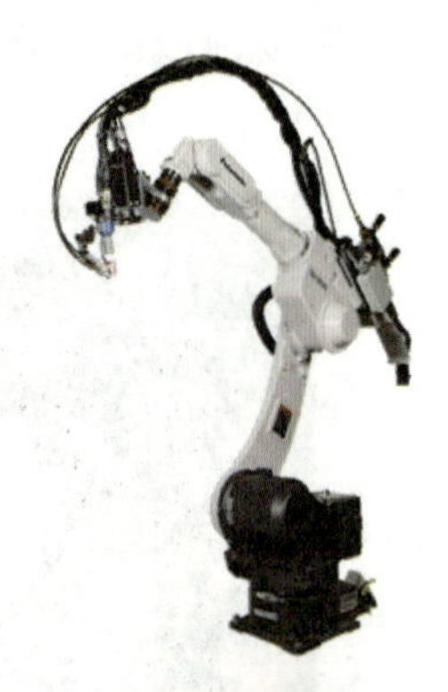

(b) 非熔化极气体保护焊机器人

图 5-3-5　弧焊机器人

为适应弧焊作业，对弧焊机器人的性能有着特殊的要求。在运动过程中速度的稳定性和轨迹精度是两项重要指标。其他一些基本性能要求如下：

1）能够通过示教器设定焊接条件（电流、电压、速度等）；

2）具备摆动功能；

3）具备坡口填充功能；

4）能进行焊接异常功能检测；

5）具备焊接传感器（焊接起始点检测、焊缝跟踪）的接口功能。

3. 激光焊接机器人

激光焊接机器人是用于激光焊自动作业的工业机器人，通过高精度工业机器人实现更加柔性的激光加工作业，其末端持握的工具是激光加工头。现代金属加工对焊接强度和外观效果等质量的要求越来越高，传统的焊接手段由于极大的热输入，不可避免地会带来工件扭曲变形等问题。为了弥补工件变形，需要大量的后续加工手段，从而导致费用的上升。而采用全自动的激光焊接技术，具有最小的热输入量，产生极小的热影响区，在显著提高焊接产品品质的同时，缩短了后续工作量的时间 。目前，在国内外汽车产业中，激光焊接、激光切割机器人已成为最先进的制造技术，如图 5-3-6 所示，获得了广泛的应用。激光焊接机器人的采用，不仅提高了产品质量和档次，而且减轻了汽车车身重量，节约了大量材料，使企业获得了更高的经济效益，提高了企业市场竞争能力。

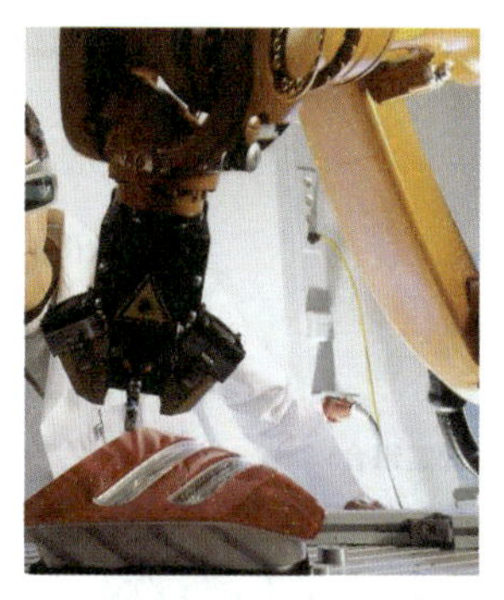

(a) 激光焊接机器人

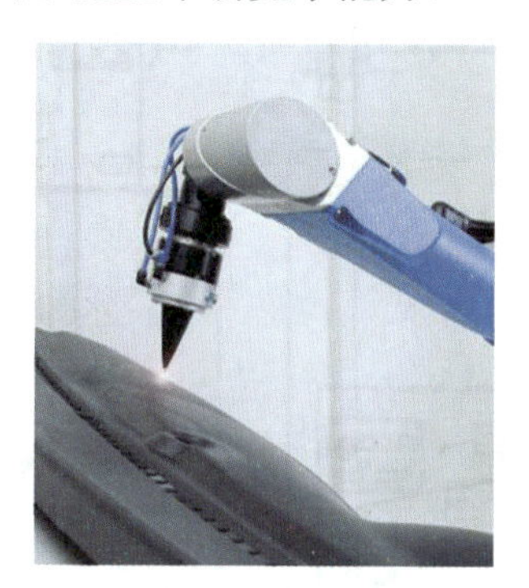

(b) 激光切割机器人

图 5-3-6 激光加工机器人

激光焊接成为一种成熟的无接触的焊接方式已经多年，极高的能量密度使得高速加工和低热输入量成为可能。与机器人电弧焊相比，机器人激光焊的焊缝跟踪精度要求更高。基本性能要求如下：

1）轨迹精度高（≤ 0.1 mm）；

2）持重大（30 ～ 50 kg），以便携带激光加工头；

3）可与激光器进行高速通信；

4）机械臂刚性好，工作范围大；

5）具备良好的振动抑制和控制修正功能。

二、焊接机器人的系统组成

1. 点焊机器人

点焊机器人主要由操作机、控制系统和点焊焊接系统等组成，如图 5-3-7 所示。

（1）点焊机器人的驱动方式

点焊机器人本体多为关节型 6 自由度工业机器人，驱动方式主要为液压驱动和电气驱动。其中，电气驱动具有保养维修简便、能耗低、速度高、精度高、安全性好等优点，因此应用较为广泛。

（2）点焊机器人的控制系统

点焊机器人控制系统由本体控制和焊接控制两部分组成。本体控制部分主要实现机器人本体的运动控制；焊接控制部分则是对点焊控制器进行控制，发出焊接开始 / 关闭指令、自动控制和调整焊接参数（如电流、压力、时间）、控制焊钳的大小行程及夹紧 / 松开动作。

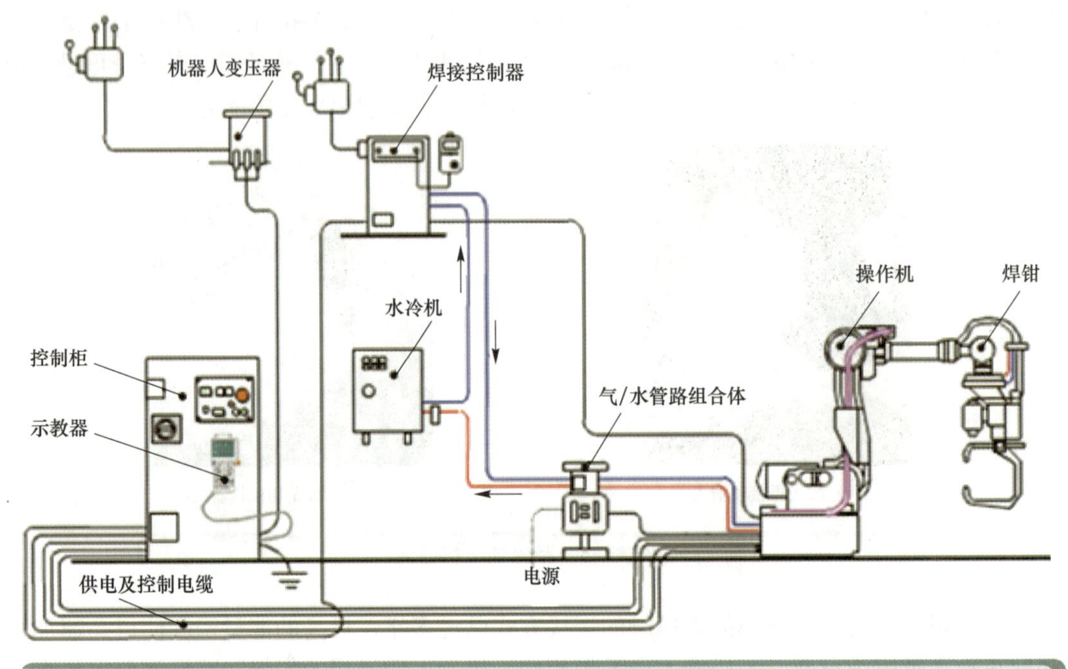

图 5-3-7　点焊机器人系统组成

（3）点焊机器人的焊接系统

点焊机器人的焊接系统主要由点焊控制器（时控器）、焊钳（含阻焊变压器）及水、电、气等辅助部分组成。其中，点焊控制器是由微处理器及部分外围接口芯片组成的控制系统，它可根据预定的焊接监控程序，完成焊接参数输入、焊接程序控制及焊接系统的故障自诊断，并实现与机器人控制柜、示教器的通信联系。

（4）焊钳的分类

1）按外形结构分，有 C 型和 X 型 2 种，如图 5-3-8 所示。C 型焊钳用于点焊垂直及近于垂直倾斜位置的焊点；X 型焊钳则主要用于点焊水平及近于水平倾斜位置的焊点。

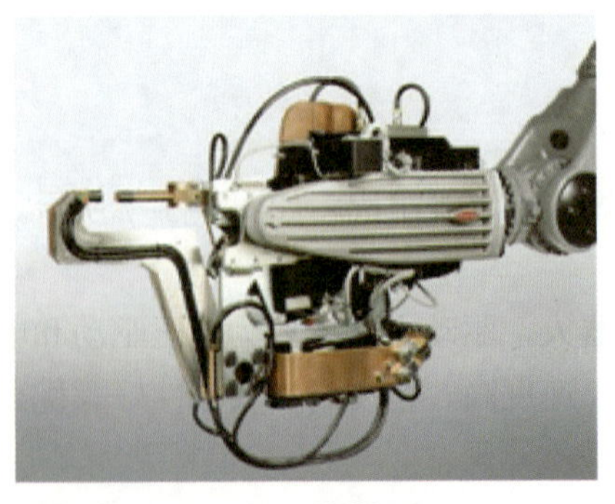

(a) C型焊钳

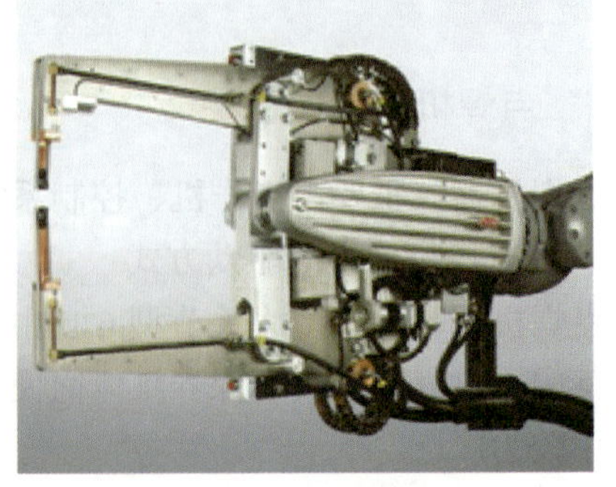

(b) X型焊钳

图 5-3-8　点焊机器人焊钳（按外形结构）

2）按电极臂加压驱动方式分，点焊机器人焊钳分为气动焊钳和伺服焊钳 2 种，如图 5-3-9 所示。气动焊钳是利用汽缸来加压，可具有 2 ～ 3 个行程，能够使电极完成大开、小开和闭合 3 个动作，电极压力一旦调顶后是不能随意变化的，是目前比较常用的焊钳；伺服焊钳采用伺服电机驱动完成焊钳的张开和闭合，焊钳张开度可任意选定并预置，且电极间的压紧力可无级调节。

由于伺服焊钳采用的是伺服电机，电极的动作速度在接触到工件前，就可以由高速准确调整至低速，从而提高了工件表面的焊接质量，同时也提高了生产效率、改善了工作环境，但相比气动焊钳成本上要高很多。

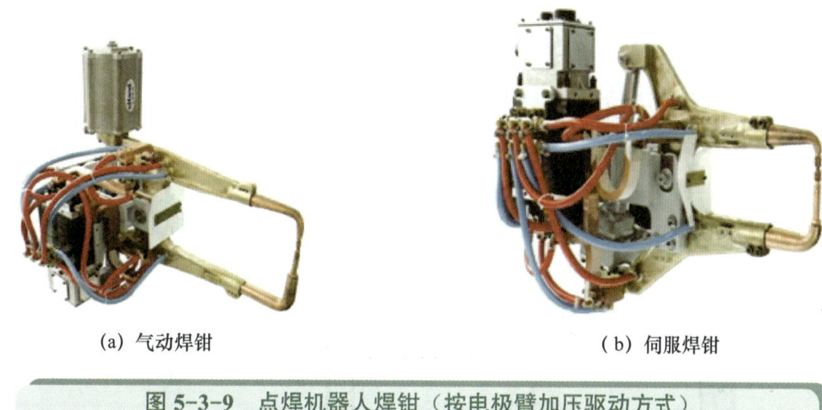

(a) 气动焊钳　　(b) 伺服焊钳

图 5-3-9　点焊机器人焊钳（按电极臂加压驱动方式）

3）按阻焊变压器与焊钳的结构关系分，点焊机器人焊钳可分为分离式、内藏式和一体式 3 种，如图 5-3-10 所示。分离式焊钳使阻焊变压器与钳体相分离，钳体安装在机器

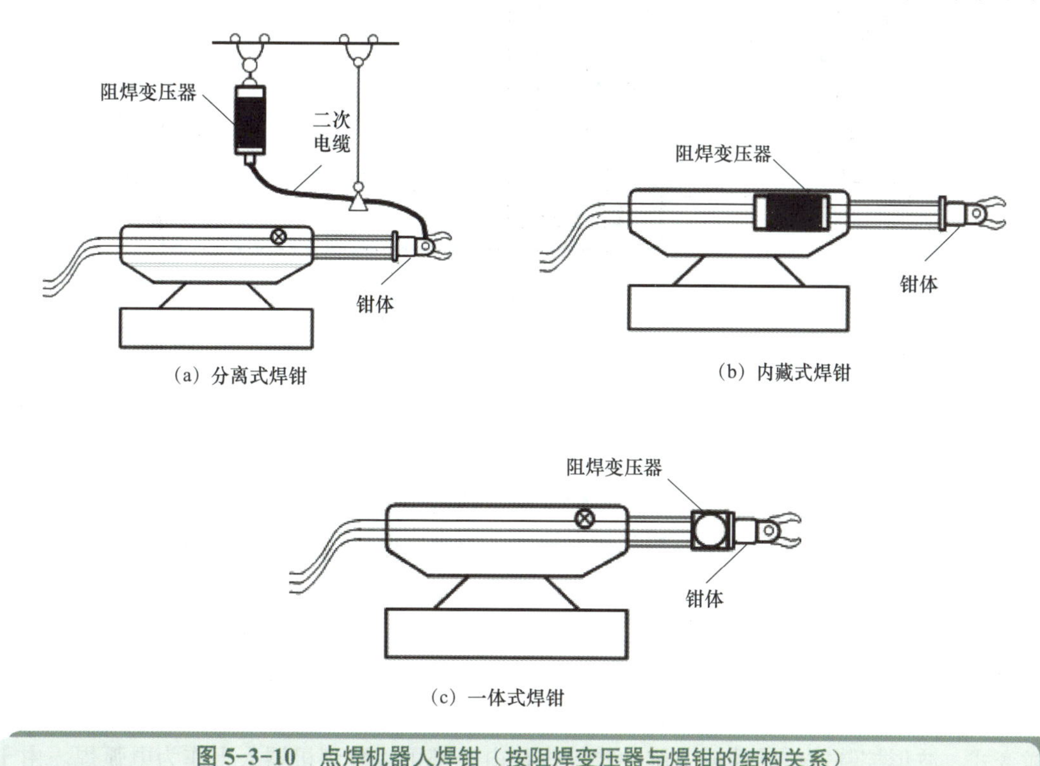

(a) 分离式焊钳　　(b) 内藏式焊钳

(c) 一体式焊钳

图 5-3-10　点焊机器人焊钳（按阻焊变压器与焊钳的结构关系）

人机械臂上，而阻焊变压器悬挂在机器人上方，通过轨道实现移动，两者之间用二次电缆相连；内藏式焊钳是将阻焊变压器安装在机器人机械臂内，使其尽可能地接近钳体，变压器的二次电缆可在内部移动；一体式焊钳是将阻焊变压器和钳体安装在一起，共同固定在机器人机械臂末端法兰盘上。

4）按焊钳的变压器形式分，又可分为中频焊钳和工频焊钳。中频焊钳是利用逆变技术将工频电转换为 1 000 Hz 的中频电。这两种焊钳最主要的区别是变压器本身，分别装载中频变压器和工频变压器，而焊钳的机械结构原理完全相同。

综上所述，点焊机器人焊钳主要以驱动和控制相互组合的形式来区分，可以采用工频气动式、工频伺服式、中频气动式、中频伺服式。这几种形式各有特点，每种都有其特定的用户，从技术优势和发展趋势来看，中频伺服机器人焊钳应是未来的主流，它集中了中频直流点焊和伺服驱动的优势，是其他形式无法比拟的。

2. 弧焊机器人

弧焊机器人的组成与点焊机器人基本相同，主要由操作机、控制系统、弧焊系统和安全设备等组成，如图 5-3-11 所示。

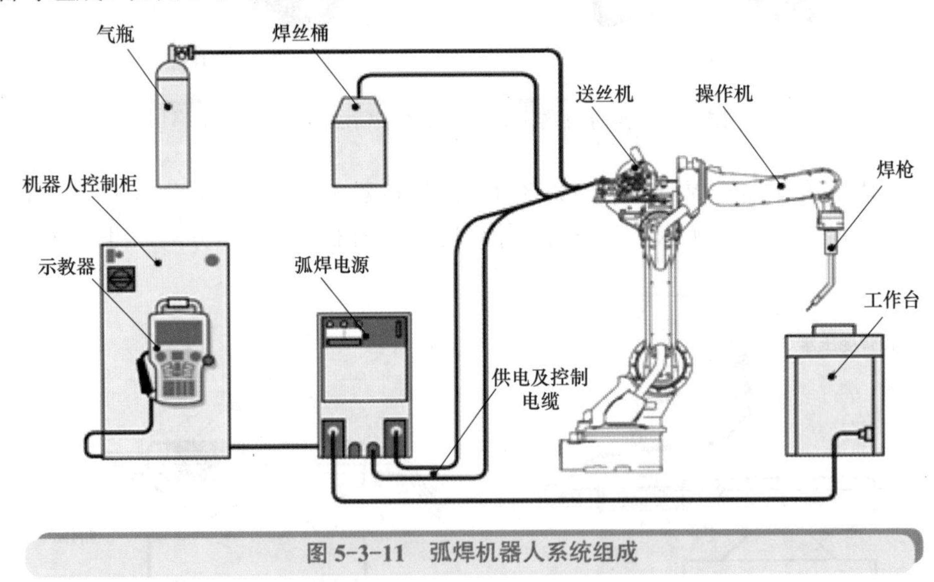

图 5-3-11 弧焊机器人系统组成

（1）弧焊机器人的控制系统

弧焊机器人控制系统在控制原理、功能及组成上和通用工业机器人基本相同。目前最流行的是采用分级控制的系统结构，一般分为两级：上级具有存储单元，可实现重复编程、存储多种操作程序，负责管理、坐标变换、轨迹生成等；下级由若干处理器组成，每一处理器负责一个关节的动作控制及状态检测，具有实时性好，易于实现高速、高精度控制等特点。

（2）弧焊机器人的焊接系统

弧焊系统是完成弧焊作业的核心装备，主要由弧焊电源、送丝机、焊枪和气瓶等组成。弧焊机器人多采用气体保护焊方法（CO_2、MIG、MAG 和 TIG），通常的晶闸管式、逆变式、波形控制式、脉冲或非脉冲式等焊接电源都可以装到机器人上作为电弧焊。由于机器人控制柜采用数字控制，而焊接电源多为模拟控制，所以需要在焊接电源与控制柜之间加一个接口，如 FANUC 弧焊机器人采用美国 LINCOLN 焊接电源。

（3）弧焊机器人的安全设备

安全设备是弧焊机器人系统安全运行的重要保障，其主要包括驱动系统过热自断电保护、动作超限位自断电保护、超速自断电保护、机器人系统工作空间干涉自断电保护和人工急停断电保护等，它们起到防止机器人伤人或保护周边设备的作用。在机器人的末端焊枪上还装有各类触觉或接近传感器，可以使机器人在过分接近工件或发生碰撞时停止工作。当发生碰撞时，一定要检验焊枪是否被碰歪，防止工具中心点发生变化。

（4）焊枪的分类

弧焊机器人操作机的结构与点焊机器人基本相似，主要区别在于末端执行器——焊枪。其中，常用的典型焊枪有电缆外置式机器人气体保护焊枪、电缆内置式机器人气体保护焊枪和机器人氩弧焊焊枪，如图 5-3-12 所示。

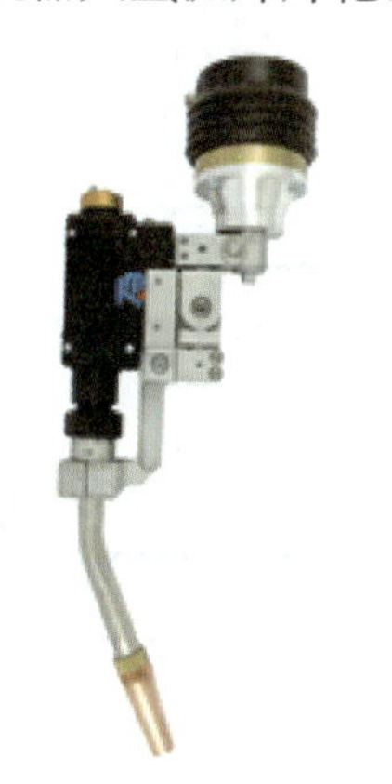

（a）电缆外置式机器人气体保护焊枪

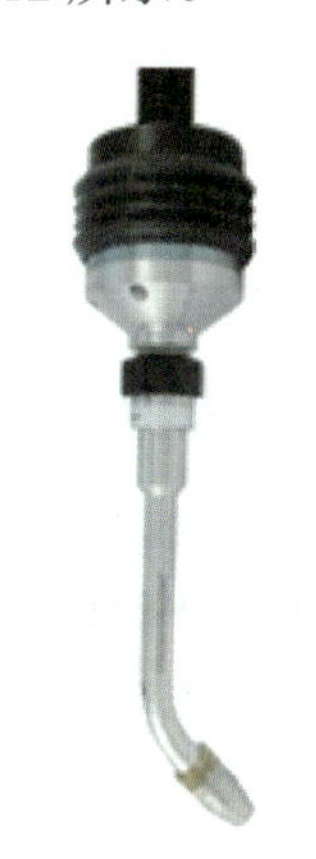

（b）电缆内置式机器人气体保护焊枪

（c）机器人氩弧焊焊枪

图 5-3-12　弧焊机器人焊枪

3　激光焊接机器人

激光焊接机器人是高度柔性的加工系统，目前一般都选用可光纤传输的激光器（如固体激光器、半导体激光器、光纤激光器等）。如图 5-3-13 所示，智能化激光加工机器人主要由以下几部分组成：

1）大功率可光纤传输激光器；

2）光纤耦合和传输系统；

3）激光光束变换光学系统；

4）六自由度机器人本体；

5）机器人数字控制系统（控制器、示教器）；

6）激光加工头；

7）材料进给系统（高压气体、送丝机、送粉器）；

8）焊缝跟踪系统（包括视觉传感器、图像处理单元、伺服控制单元、运动执行机构及专用电缆等）；

9）焊接质量检测系统（包括视觉传感器、图像处理单元、缺陷识别系统及专用电缆等）；

10）激光加工工作台。

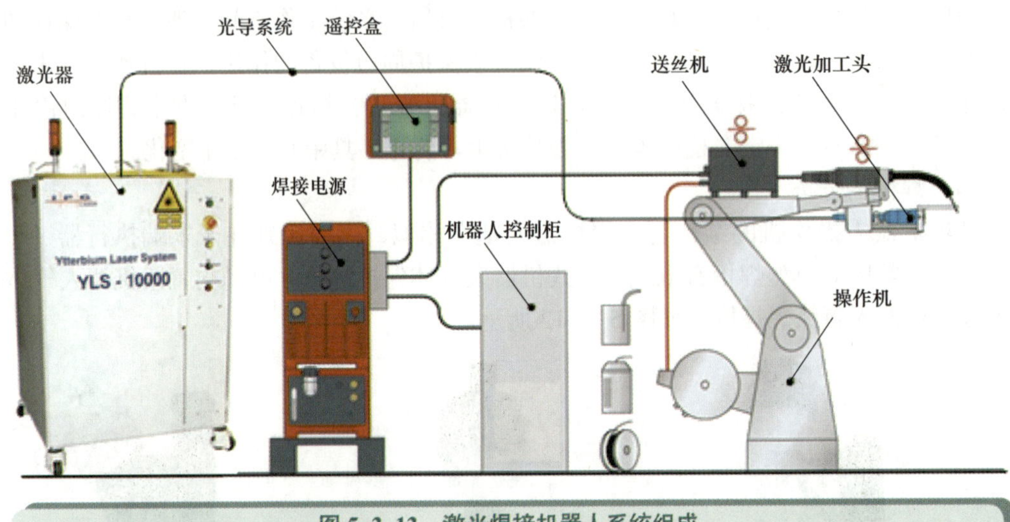

图 5-3-13　激光焊接机器人系统组成

从大功率激光器发出的激光，经光纤耦合传输到激光光束变换光学系统，再经过整形聚焦后进入激光加工头。根据用途不同（切割、焊接、熔覆）选择不同的激光加工头（如图 5-3-14 所示）并配有不同的材料进给系统（高压气体、送丝机、送粉器）。激光加工头装于六自由度机器人本体手臂末端，其运动轨迹和激光加工参数是由机器人数字控制系统提供指令进行的。

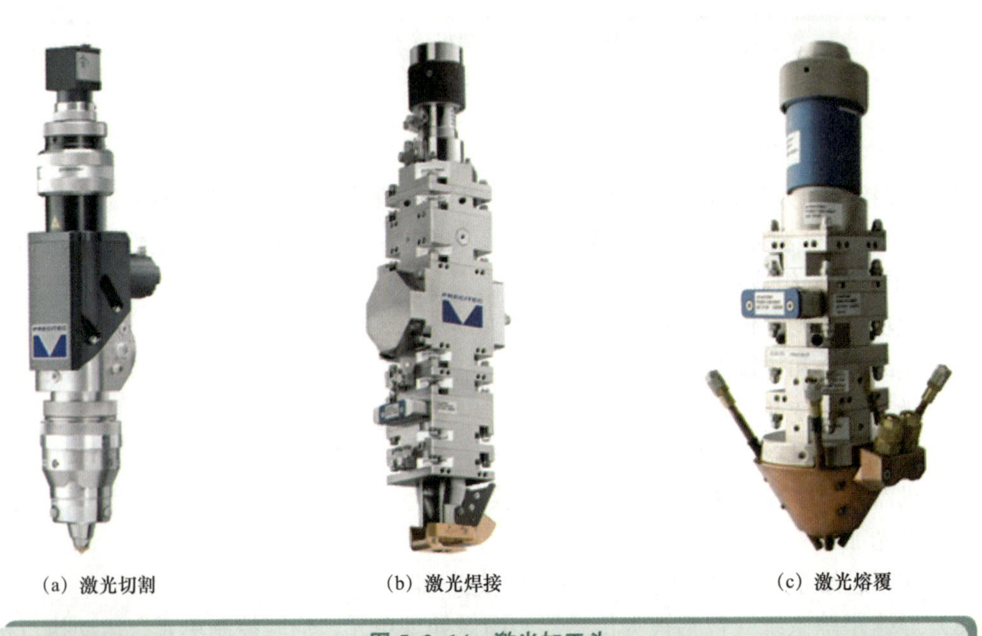

图 5-3-14　激光加工头

三、焊接机器人的作业示教

1. 点焊机器人的作业示教

点焊是最广为人知的电阻焊焊接工艺，通常用于板材焊接。焊接限于一个或几个点上，将工件互相重叠。对于点焊机器人而言，其 TCP 一般设在焊钳开口的中点处，且要求焊钳两电极垂直于被焊工件表面，如图 5-3-15 所示。

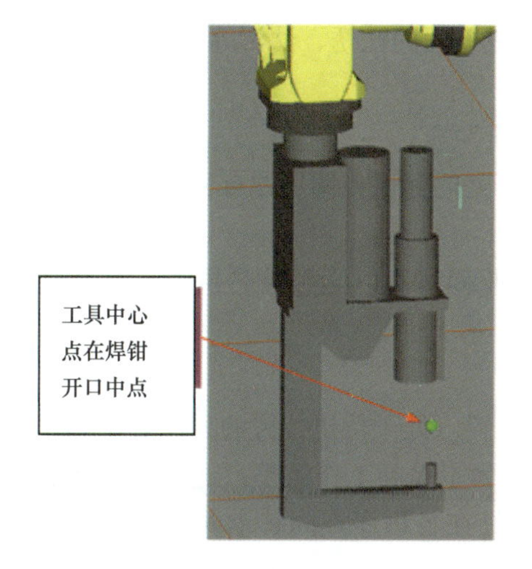

(a) 工具中心点设定

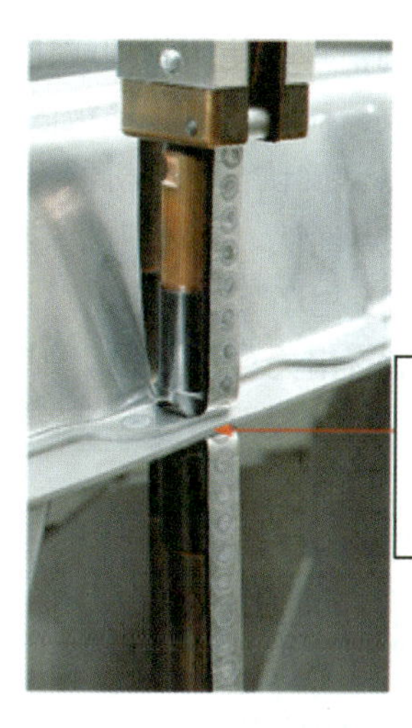

(b) 焊接作业姿态

图 5-3-15　点焊机器人 TCP 和焊钳作业姿态

以图 5-3-16 所示工件焊接为例，采用在线示教方式为机器人输入两块薄板（板厚 2 mm）的点焊作业程序。此程序由编号 1 ～ 5 的 5 个程序点组成。每个程序点的用途说明如表 5-3-1 所示。本例中使用的焊钳为气动焊钳，通过汽缸来实现焊钳的大开、小开和闭合三种动作。

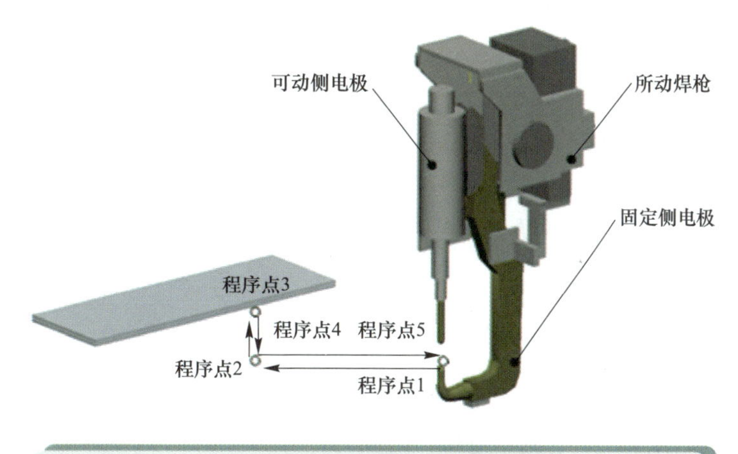

图 5-3-16　点焊机器人运动轨迹

表 5-3-1　程序点说明（点焊作业）

程序点	说　明	焊钳动作
程序点 1	机器人原点	
程序点 2	作业临近点	大开→小开
程序点 3	点焊作业点	小开→闭合→焊接→小开
程序点 4	作业临近点	小开→大开
程序点 5	机器人原点	

（1）示教前的准备

1）工件表面清理。使用物理或化学方式将薄板表面的铁锈、油污等杂质清理干净。

2）工件装夹。利用夹具将薄板固定。

3）安全确认。确认自己和机器人之间保持安全距离。

4）机器人原点确认。通过机器人机械臂各关节处的标记或调用原点程序复位机器人。

（2）新建作业程序

通过示教器的相关菜单或按键，新建一个作业程序，以学生姓名拼音 + 日期命名的 Module。

（3）程序点的输入

手动操纵机器人分别移动到程序点 1 ～ 5 的位置。处于待机位置的程序点 1 和程序点 5，要处于与工件、夹具互不干涉的位置。同时，为了提高工作效率，通常将程序点 5 和程序点 1 设在同一个位置。另外，机器人末端工具在各程序点间移动时，也要处于与工件、夹具互不干涉的位置。

参考程序：

```
1    DEF WANGSHENGYI0920()
2    INI
3
4    PTP HOME  Vel= 100% DEFAULT
5    PTP P1 Vel=100% PDAT1 Tool[1]:wsy2 Base[0]
6    SET GRP 1 State=CLO GDAT17
7    PTP P2 Vel=100% PDAT2 SPOT Gun= 1 RETR CLS SDAT11 Tool[1]:wsy2 Base[0]
8    LIN P3 Vel=1 m/s CPDAT1 Tool[1]:wsy2 Base[0];
9    SET GRP 1 State=OPN GDAT8
10
11    PTP HOME  Vel= 100% DEFAULT
12
13    END
```

（4）设定作业条件

本例中焊接作业条件的输入，主要涉及两个方面：一是设定焊钳条件（文件）；二是在焊机上设定焊接条件，如电流、电压、时间等。

1）设定焊钳条件。焊钳条件的设定主要包括焊钳号、焊钳类型、焊钳状态等。本例中这些参数保持系统默认。

2）设定焊接条件。点焊时的焊接电源和焊接时间，需在焊机上设定。设定方法可参照所使用的焊机说明书。而有关焊接电流、压力和时间的设定，可参考表 5-3-2。

表 5-3-2　点焊作业条件设定

板厚 /mm	大电流—短时间			小电流—长时间		
	时间（周期）	压力 /kgf①	电流 /A	时间（周期）	压力 /kgf	电流 /A
1.0	10	225	8 800	36	75	5 600
2.0	20	470	13 000	64	150	8 000
3.0	32	820	17 400	105	260	10 000

① 1 kgf（千克力）=9.8 N。

（5）检查试运行

为确认示教的轨迹，需测试运行（跟踪）一下程序。跟踪时，因不执行具体作业命令，所以能进行空运行。确认点焊机器人周围安全，按如下操作进行跟踪测试作业程序。

1）选定要测试的程序文件。

2）单击状态显示栏“R”，在出现的下拉菜单中，选择“程序复位”，即可对程序进行复位或移动光标至期望跟踪程序点所在命令行，进行语句行选择。

3）按住示教器上的确认键进行伺服供电，按启动键实现机器人的单步或连续运转。

（6）再现施焊

轨迹经测试无误后，在确认点焊机器人的运行范围内没有其他人员或障碍物后，若采用自动运行模式实现再现作业，则：

1）选定再现的作业程序，并对程序进行复位。

2）转动用于连接管理器的钥匙开关，切换运行模式到自动运行，选择完运行方式后，将用于连接管理器的钥匙开关再次转回初始位置。

3）按示教器上的确认键进行伺服供电。

4）按下启动键，点焊机器人开始运行。

至此，点焊机器人简单的点焊作业示教与再现操作完毕。

2. 弧焊机器人的作业示教

目前，工业机器人四大巨头都有相应的弧焊机器人产品，并且都提供相应的商业化应用软件，这些专业软件具有功能强大的弧焊指令，如表 5-3-3 所示，可快速地将弧焊投入运行和编制焊接程序，并具有接触传感、焊缝跟踪等功能。

表 5-3-3　工业机器人四大巨头的弧焊作业命令

类别	弧焊作业命令			
	ABB	FANUC	YASKAWA	KUKA
焊接开始	ArcLStart/ArcCStart	Arc Start	ARCON	ARC_ON
焊接结束	ArcLEnd/ArcCEnd	Arc End	ARCOF	ARC_OFF

对于弧焊作业来说，实际作业时，需根据作业位置和板厚调整焊枪角度。以平（角）焊为例，主要采用前倾角焊（前进焊）和后倾角焊（后退焊）两种方式，如图 5-3-17 所示。若板厚相同，则基本上为 10° ～ 25° ，若焊枪立得太直或太倒，则难以产生熔深。前倾角焊接时，焊枪指向待焊部位，焊枪在焊丝后面移动，因电弧具有预热效果，焊接速度较快，熔深浅、焊道宽，所以一般薄板的焊接采用此法；而后倾角焊接时，焊枪指向已完成的焊缝，焊枪在焊丝前面移动，能够获得较大的熔深、焊道窄，通常用于厚板的焊接。同时，在板对板的连接之中，焊枪与坡口垂直，如图 5-3-18（a）所示；对于对称的平角焊而言，焊枪要与拐角成 45° 角，如图 5-3-18（b）所示。

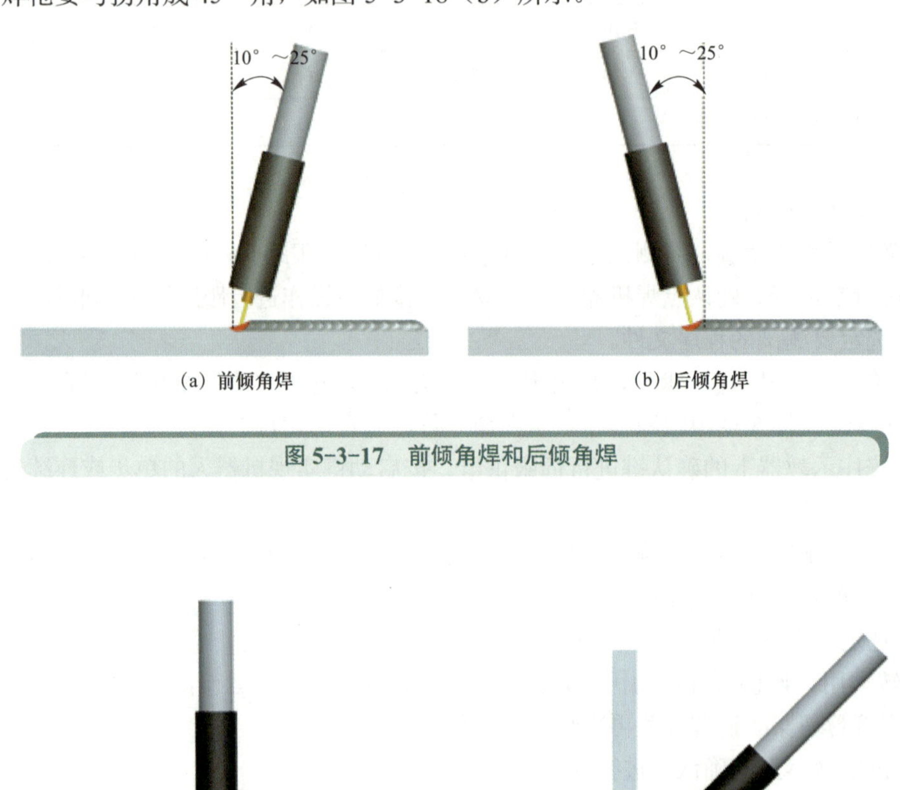

（a）前倾角焊　　（b）后倾角焊

图 5-3-17　前倾角焊和后倾角焊

（a）I形接头对焊　　（b）T形接头平角焊

图 5-3-18　焊枪作业姿态

机器人进行弧焊作业时主要涉及直线、圆弧及其附加摆动功能动作类型。其中直线和圆弧功能在前面模块四 KUKA 机器人的基础编程时已进行讲解，不再赘述。而附加摆动功能是机器人完成直线 / 环形焊缝的摆动焊接一般需要增加 1 ～ 2 个振幅点的示教，如图 5-3-19 所示。关于直线摆动、圆弧摆动的示教方法也与直线、圆弧轨迹示教相同，只是需要设置摆动参数，包括摆动类型、摆动频率、摆动振幅、振幅点停留时间以及主路径移动速度等，需参考所选机器人操作手册及工艺要求进行设置。

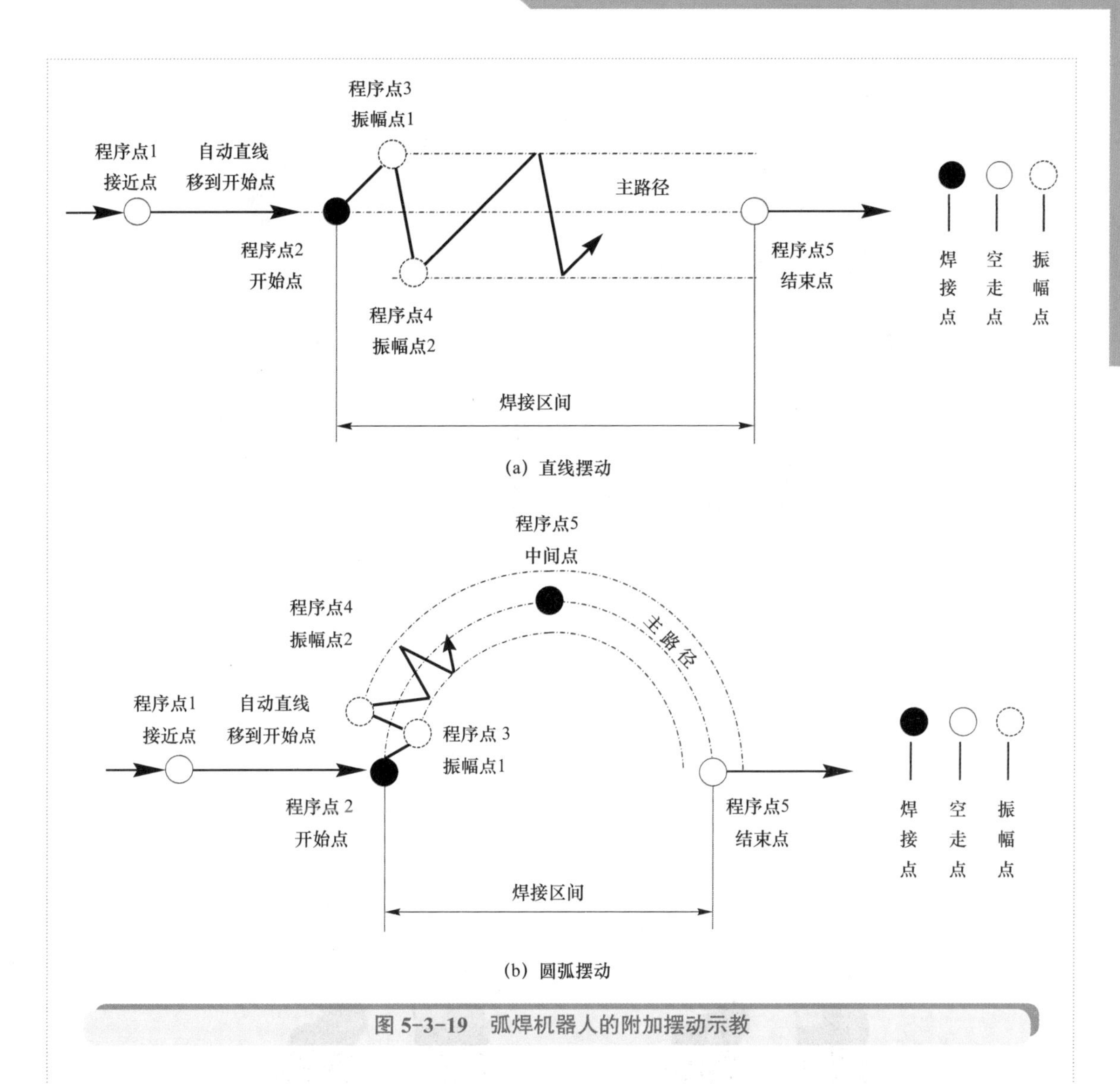

图 5-3-19　弧焊机器人的附加摆动示教

四、周边设备

目前，常见的焊接机器人辅助装置有变位机、滑移平台、清枪装置和工具自动更换装置等。下面对它们做简单介绍。

1. 变位机

对于有些焊接场合，由于工件空间几何形状过于复杂，焊接机器人的末端工具无法到达指定的焊接位置或姿态，此时可以通过增加 1 ～ 3 个外部轴的办法来增加机器人的自由度。其中一种做法是采用变位机让焊接工件移动或转动，使工件上的待焊部位进入机器人的作业空间，如图 5-3-20 所示。

图 5-3-20　焊接机器人外部轴扩展

变位机是机器人焊接生产线及焊接柔性加工单元的重要组成部分。根据实际生产的需要，焊接变位机可以有多种形式，有单回转式、双回转式和倾翻回转式。而变位机的安装必须使工件的变位均处在机器人动作范围之内，并需要合理分解机器人本体和变位机的各自职能，使两者按照统一的动作规划进行作业，如图 5-3-21 所示。机器人和变位机之间的运动存在两种形式：协调运动和非协调运动。

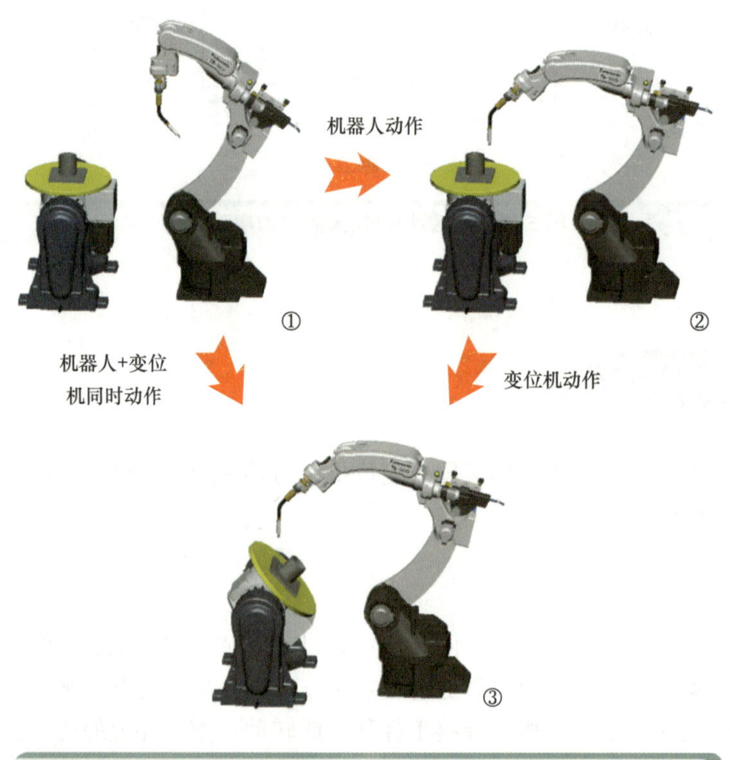

图 5-3-21　焊接机器人和变位机动作分解

（1）非协调运动

主要用于焊接时工件需要变位，但不需要变位机与机器人作协调运动的场合，如图 5-3-22 所示的骑坐式管板船型焊作业。回转工作台的运动一般不是由机器人控制柜直接控制的，而是由一个外加的可编程序控制器（PLC）来控制的。作业示教时，机器人控制柜只负责发送“开始旋转”和接收“旋转到位”信号。

（a）机器人待机位置

（b）作业临近点位置

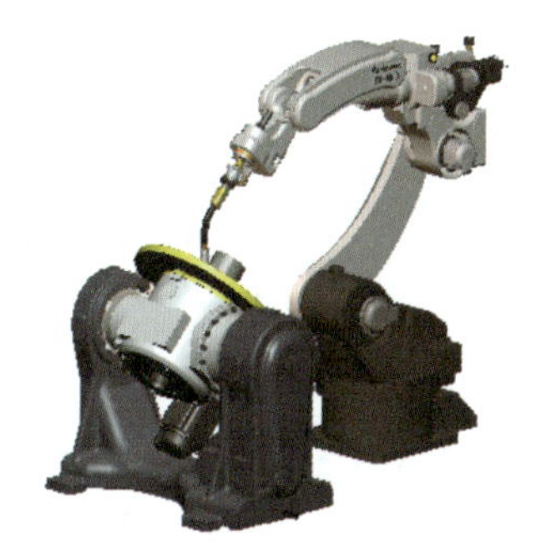

（c）焊接作业开始位置

图 5-3-22　焊接机器人和变位机的非协调运动

（2）协调运动

在焊接过程中，若能使待焊区域各点的熔池始终保持水平或稍微下坡状态，同时也为了焊缝外观最平滑、最美观，焊接质量也最好，就需要变位机必须不断地改变工件的位置和姿态，并且变位机的运动和机器人的运动必须能共同合成焊接轨迹，保持焊接速度和工具姿态，这就是变位机和机器人的协调运动，如图 5-3-23 所示。

（a）圆弧焊接起始点

（b）圆弧焊接中间点

图 5-3-23　焊接机器人和变位机的协调运动

2. 滑移平台

为适应机器人领域的不断延伸，保证大型结构件焊接作业，把机器人本体装在可移动的滑移平台或龙门架上，以扩大机器人本体的作业空间；或者采用变位机和滑移平台的组合，确保工件在待焊部位和机器人都处于最佳焊接位置和姿态，如图 5-3-24 所示。滑移平台的动作控制可以看作是机器人关节坐标系下的一个轴。

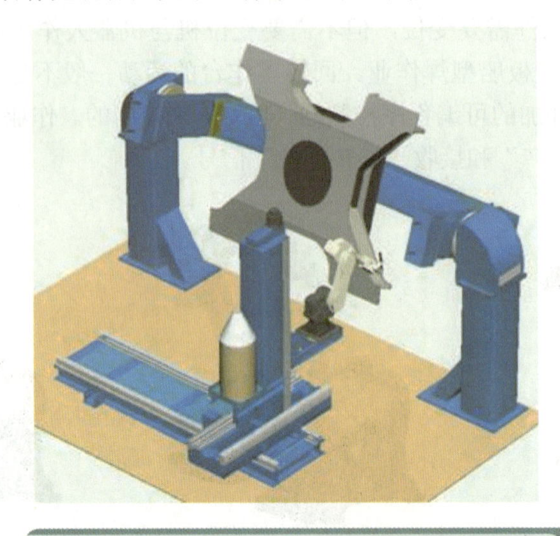

图 5-3-24　工程机械结构件的机器人焊接作业

3. 清枪装置

机器人在施焊过程中焊钳的电极头氧化磨损，焊枪喷嘴内外残留的焊渣以及焊丝伸长的变化等势必影响到产品的焊接质量及其稳定性。焊钳电极修磨机（点焊）和焊枪自动清枪站（弧焊）便是在此背景下产生的，如图 5-3-25 所示。

(a) 焊钳电极修磨机

(b) 焊枪自动清枪站

图 5-3-25　焊接机器人清枪装置

4. 工具自动更换装置

在多任务环境中，一台机器人甚至可以完成包括焊接在内的抓物、搬运、安装、焊接、卸料等多种任务，机器人可以根据程序要求和任务性质，自动更换机器人手腕上的工具，完成相应的任务。如图 5-3-26 所示，即为点焊机器人的工具自动更换装置。一般一个自动更换装置包含连接器、主侧和工具侧，主侧安装在机器人上，工具侧安装在工具上，两侧可以自动气压锁紧，连接的同时可以连通和传递电信号、气体、水等介质。因

此，机器人工具自动更换装置大大提升了机器人功能的多样化和生产效率的最大化。

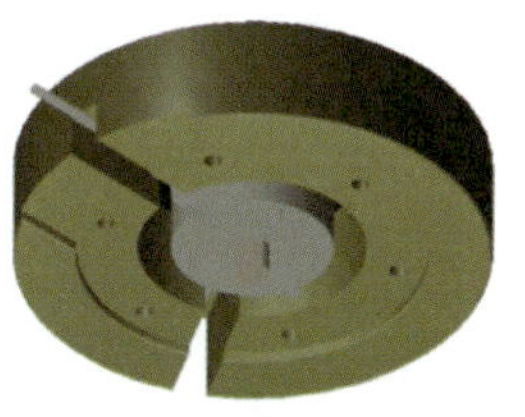

(a) 机器人末端法兰连接器

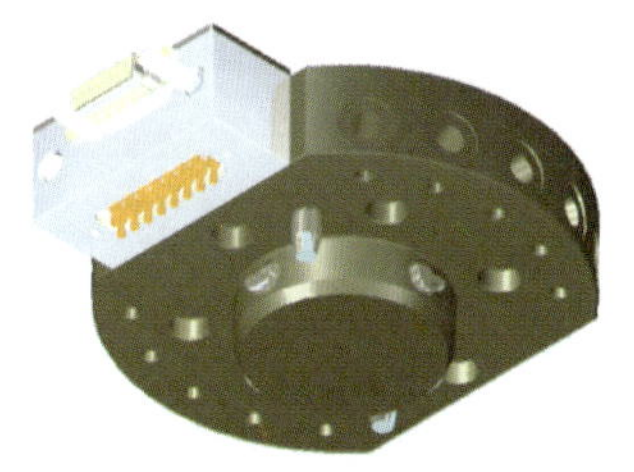

(b) 主侧

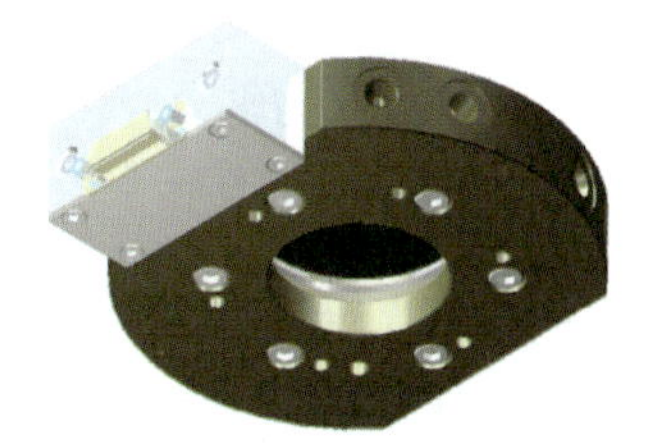

(c) 工具侧

图 5-3-26　工具自动更换装置

※ 任务实施

一、TCP 测量

对于本任务来说，弧焊机器人的末端执行器是焊枪，那么首先要做的就是确定各程序点处工具中心点（TCP）的位姿。对于焊枪而言，工具中心点一般设置在焊枪尖头，而激光焊接机器人 TCP 设置在激光焦点上，那么请采用 XYZ 4 点法确定工具坐标系的原点，采用 ABC 2 点法确定坐标系的方向，并将调试完成的 TCP 结果填入下表。

工具号：　　　　　　　　　　工具名称：　　　　　　　　　　测量误差：

X		*A*	
Y		*B*	
Z		*C*	

二、程序创建

1. 示教前的准备

示教前，请做如下准备：

1）工件表面清理。使用砂纸、抛光机等工具清理钢板及圆柱表面及焊缝区，不能有铁锈、油污等杂质。

2）工件装夹。利用工装夹具将所焊工件固定在变位机上。

3）安全确认。确认自己和机器人之间、和变位机之间保持安全距离。

4）机器人原点确认。

2. 新建作业程序

通过示教器的相关菜单或按键，新建一个作业程序，以学生姓名拼音 + 日期命名的

Module。

3. 程序点的输入

参考程序：

```
1   DEF WANGYI0920()
2   INI
3
4   PTP HOME  Vel= 100% DEFAULT
5   PTP P1 Vel=100% PDAT1 Tool[1]:arcwelding_gun Base[1]:Kinematik Machine1
6   PTP P2 Vel=100% PDAT2 Tool[1]:arcwelding_gun Base[1]:Kinematik Machine1
7   ARCON WDAT1 LIN P3 Vel=1 m/s CPDAT1 Tool[1]:arcwelding_gun Base[1]:
Kinematik Machine1
8   ARCSWI WDAT2 LIN P4 CPDAT2 Tool[1]:arcwelding_gun Base[1]:Kinematik
Machine1
9   ARCSWI WDAT3LIN P5 CPDAT3 Tool[1]:arcwelding_gun Base[1]:Kinematik
Machine1
10  ARCSWI WDA4 LIN P6 CPDAT4 Tool[1]:arcwelding_gun Base[1]:Kinematik
Machine1
11  ARCSWI WDA5 LIN P7CPDAT5 Tool[1]:arcwelding_gun Base[1]:Kinematik
Machine1
12  ARCSWI WDAT6 LIN P8 CPDAT6 Tool[1]:arcwelding_gun Base[1]:Kinematik
Machine1
13  ARCSWI WDAT7 LIN P9 CPDAT7 Tool[1]:arcwelding_gun Base[1]:Kinematik
Machine1
14  ARCSWI WDAT8 LIN P10 CPDAT8 Tool[1]:arcwelding_gun Base[1]:Kinematik
Machine1
15  ARCSWI WDAT9 LIN P11CPDAT9Tool[1]:arcwelding_gun Base[1]:Kinematik
Machine1
16  ARCOFF WDAT10 LIN P12 CPDAT10Tool[1]:arcwelding_gun Base[1]:Kinematik
Machine1
17  LIN P13 Vel=2 m/s CPDAT11 Tool[1]:arcwelding_gun Base[1]:Kinematik
Machine1
18  PTP P14 Vel=100% PDAT3 Tool[1]:arcwelding_gun Base[1]:Kinematik Machine1
19  PTP HOME  Vel= 100% DEFAULT
20
21  END
```

关于操作步骤 4 设定作业条件、步骤 5 检查试运行和步骤 6 再现施焊，操作与点焊机器人作业流程相似，不再赘述。

至此，本任务弧焊机器人简单的弧焊作业示教与再现操作完毕。

※ 课后作业

在任务实施完成后，你能回答出以下问题吗？

1. 通常所说的焊接机器人主要指哪几种机器人？每种机器人所持的作业工具各是什么？

2. 点焊机器人的焊钳是如何进行分类的？

3. 焊接机器人的工具中心点（TCP）通常如何设置？

4. 智能化激光加工机器人主要由哪几部分构成？

5. 焊接机器人的常见周边辅助设备主要有哪些？

成功了吗？　检查了吗？　评价了吗？　反馈了吗？

分值（10 分）评价 / 项目	自我评价	小组评价	教师综合评价
感兴趣程度			
任务明确程度			
学习主动性			
工作表现			
协作精神			
时间观念			
任务完成熟练程度			
理论知识掌握程度			
任务完成效果			
文明安全生产			
总评			

参考文献

[1] 杨杰忠，王振华. 工业机器人操作与编程［M］. 北京：机械工业出版社，2017.

[2] 兰虎. 工业机器人技术及应用［M］. 北京：机械工业出版社，2014.

[3] 邢美峰. 工业机器人操作与编程［M］. 北京：电子工业出版社，2016.

[4] 郝巧梅，刘怀兰. 工业机器人技术［M］. 北京：电子工业出版社，2016.

[5] 徐文，徐江陵，段伟. KUKA 工业机器人编程与实操技巧［M］. 北京：机械工业出版社，2017.

[6] 李正祥，宋祥弟. 工业机器人操作与编程（KUKA）[M］. 北京：北京理工大学出版社，2017.